Mikroskopieren ganz einfach

BRUNO P. KREMER

Mikroskopieren ganz einfach

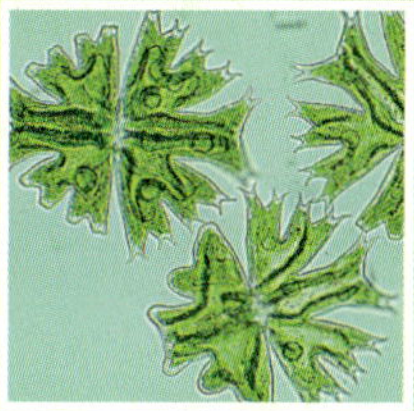
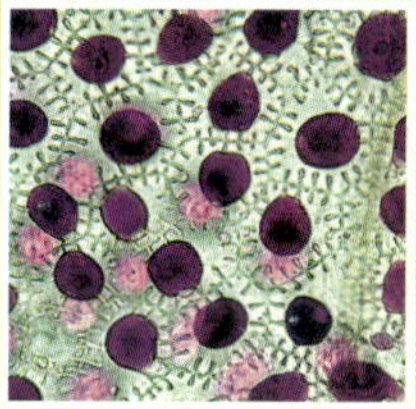

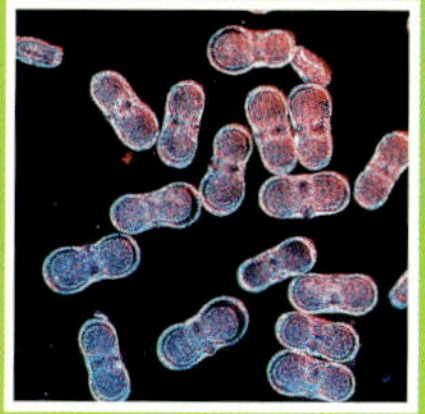

Präparationen und Färbungen
Schritt für Schritt

KOSMOS

Inhalt

Einleitung
Zu diesem Buch 8

Sehen, Begeistern, Selbermachen
Warum ausgerechnet ein Mikroskop? 10

Bevor es richtig losgeht
Das eigene Mikrolabor 16

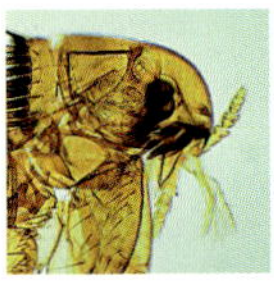

Kapitel 1
Aufbau des Mikroskops
Das Mikroskop kennenlernen 22

Kapitel 2
Bedienungstechnik
Ein erster Blick in die Röhre 28

Kapitel 3
Licht als Informationsträger
Die Welt steht auf dem Kopf 34

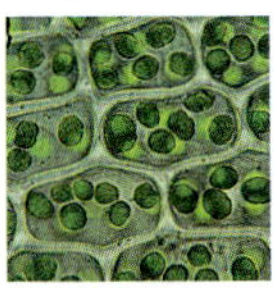

Kapitel 4
Größenordnungen im Mikroskop
Klein, kleiner, wie klein? 40

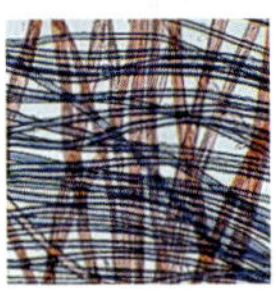

Kapitel 5
Räumlichkeit im Mikroskop
Höhen und Tiefen 46

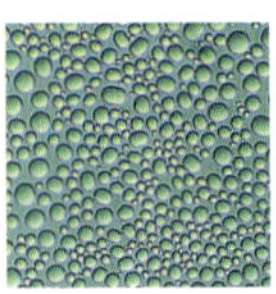

Kapitel 6
Brownsche Bewegungen
Alles fließt 52

Kapitel 7
Einfache Nasspräparate
Schneiden, legen, färben 58

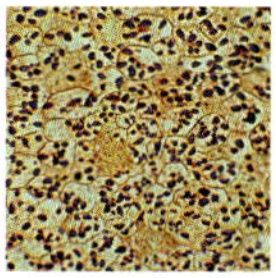

Kapitel 8
Quetschpräparation
Kleinigkeiten aus Pflanzengewebe 64

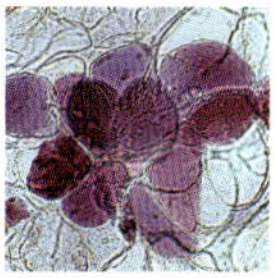

Kapitel 9
Gewebe kennenlernen
Leben in der Zelle 70

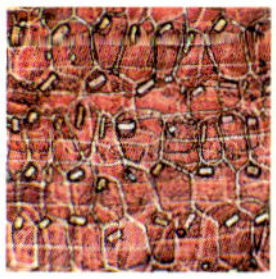

Kapitel 10
Tierische Zellen
Tierische Vielfalt 76

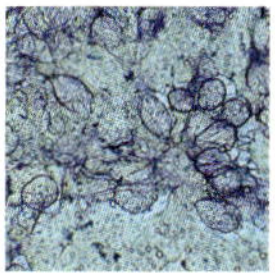

Kapitel 11
Plasmaströmung/Schiefe Beleuchtung
Ständig in Bewegung 82

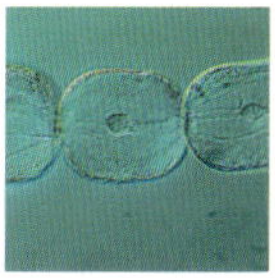

Kapitel 12
Osmotische Vorgänge
Zellen reagieren flexibel 88

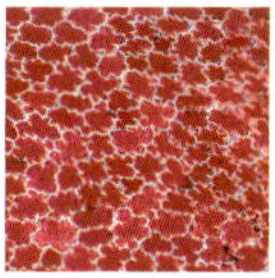

Kapitel 13
Dokumentation
Bleibende Erinnerung: Skizzieren und Zeichnen 94

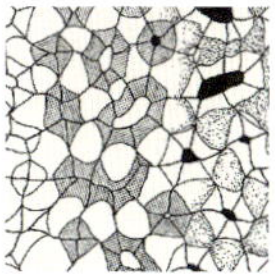

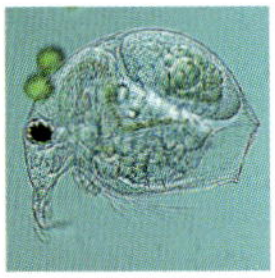

Kapitel 14
Kleinlebewesen im Wasser
Die Welt im Wassertropfen 100

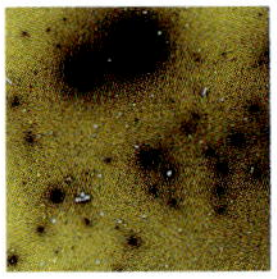

Kapitel 15
Kokken und Bazillen
Bakterien: Fülle mit Hülle 106

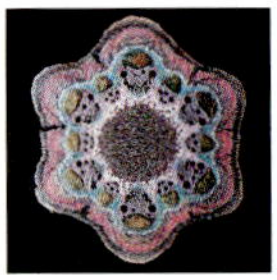

Kapitel 16
Schnitte anfertigen
Auf des Messers Schneide 112

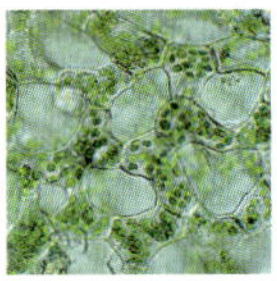

Kapitel 17
Pflanzenorgane
Platt wie ein Blatt 118

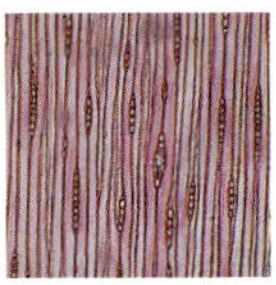

Kapitel 18
Holzgewebe kennenlernen
Brett vor dem Kopf 124

Kapitel 19
Tierische Spezialgewebe
Von Haut und Haar 130

Kapitel 20
Dauerpräparate herstellen
Kleinstgeflügel 136

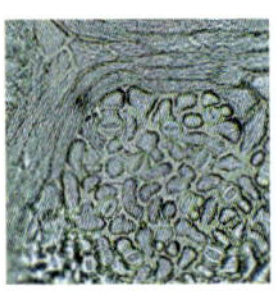

Kapitel 21
Oberflächenuntersuchung
Eindrücke von Abdrücken 142

Kapitel 22
Polarisationsmikroskopie
In ganz anderem Licht betrachtet 148

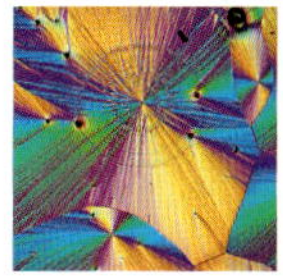

Kapitel 23
Dünnschliffe
Knochenarbeit 160

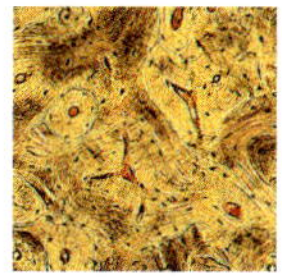

Kapitel 24
Stäube/Rheinberg-Beleuchtung
Abstauber 166

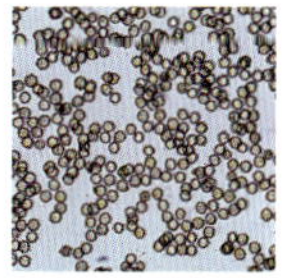

Kapitel 25
Mikrofotografie
Schöne Ansichtssachen: Mikrofotografie 172

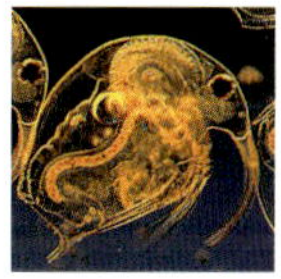

Anhang

Mikroskopische Vereinigungen 180
Literatur 182
Register 183
Impressum 190

Zu diesem Buch

Vermutlich gibt es Freizeitbeschäftigungen, die eher im Trend liegen, ein besonderes Prestige versprechen, dazu auch eine Menge „action“ bieten und grammweise Adrenalin kreisen lassen. Warum also gerade ein Mikroskop anschaffen und sich in die stille Kammer zurückziehen? Die Antwort ist ebenso einfach wie vielleicht überraschend: Mikroskopieren als Hobby ist schon seit Jahrzehnten richtig „trendy“, und die Sache mit Action und Adrenalin stimmt auch – vielleicht nicht ganz so heftig und kurzlebig, aber dafür nachhaltiger.

Die Neigung der Menschen, kleine Dinge für wichtig zu halten, hat sehr viel Großes hervorgebracht.

Georg Christoph Lichtenberg (1742 – 1799)

Für den problemlosen Einstieg in dieses spannende Hobby fehlte bisher allerdings ein praxisorientiertes, kompaktes und dennoch verständliches Arbeitsbuch. Das vorliegende Buch speziell für Einsteiger leistet diese notwendige Erste Hilfe für die richtige Handhabung des Mikroskops ebenso wie für das Anfertigen ergiebiger Präparate. Es gliedert sich klar und übersichtlich in 25 aufeinander aufbauende Lernschritt-Kapitel. Stufenweise und jeweils mit einem besonderen thematischen Schwerpunkt führen sie in das richtige mikroskopische Arbeiten ein. Von der Beleuchtung bis zu den etwas anspruchsvolleren Beobachtungsverfahren bieten sie alle wichtigen Wissensbausteine, die man für den kompetenten Umgang mit dem Mikroskop braucht.

Mit diesem hier erstmals umgesetzten Schritt-für-Schritt-Konzept wird der Weg in die wunderbaren Bilderwelten des sehr Kleinen im Prinzip ganz einfach – auch dann, wenn man zunächst nur ein sehr preiswertes Kaufhaus-Mikroskop zur Hand hat. Die weitaus meisten der hier zusammengestellten Anregungen funktionieren auch mit einem einfacheren Grundgerät, das (noch) nicht mit aufwendigeren Spezialfinessen bestückt ist. Immerhin zeigt die Geschichte der Mikroskopie, dass selbst Entdeckungen von größter Tragweite gerade mit einer eher bescheidenen Anfangsausrüstung möglich sind. Daran hat sich grundsätzlich nichts geändert. In der aktuellen Forschung arbeiten im Übrigen nicht wenige, die ihre erste Begeisterung für die Winzigkeiten in der Natur mithilfe von zwei in eine Pappröhre eingeklemmten Linsen entdeckten.

Faserbestandteile von gewöhnlichem Zeitungspapier – kurz eingeweicht und vorsichtig zerzupft

Auf dem Objektträger eingetrocknete Träne: Ihr Salzgehalt bildete wolkige Kristallansammlungen.

Beide Präparate wurden im polarisierten Licht fotografiert.

Mit der Mikroskopie ist es also fast so wie im übrigen Leben: Man legt ja auch sonst nicht unbedingt gleich mit einer teuren Segelyacht los. Auch das hübsche kleine Paddelboot hat durchaus etwas Verführerisches und trägt zuverlässig zu neuen Ufern. Hauptsache ist also, dass man überhaupt den Start in die faszinierenden Kleinwelten unternimmt und die Basis für ein vermutlich lebenslanges Hobby legt. Den Aufstieg in die höheren technisch-instrumentellen Ränge kann man durchaus späteren günstigen Gelegenheiten vorbehalten.

Und nun viel Spaß beim Bestaunen und Entdecken in den Dimensionen der Winzigkeit!

Warum ausgerechnet ein Mikroskop?

Bazillen, Pollen, Chromosomen – viele Begriffe aus dem Sprachgebrauch der Naturwissenschaft sind uns heute zumindest in groben Umrissen vertraut, zumal sie auch häufig in den Medien auftauchen. Während man noch im 19. Jahrhundert weithin keine Vorstellung von Zellkernen, Plastiden oder Vakuolen hatte, ist der Aufbau der Lebewesen aus winzigen Zellen heute unverzichtbares Grundlagenwissen und deshalb auch in den Schulbüchern enthalten.

Gewöhnlich denkt man bei den Bezeichnungen aus dem Feinbau der Organismen aber gar nicht mehr daran, dass alle damit zusammenhängenden Erkenntnisse letztlich auf die Forschung mit dem Mikroskop zurückgehen. Kein anderes optisches Instrument hat so buchstäblich tiefgründiges Wissen ermöglicht. Tatsächlich ist es nur dem Mikroskop zu verdanken, dass sich Biologie und Medizin überhaupt zu modernen Wissenschaften entwickelten.

Schöne neue Welt

Der Welten Kleines auch ist wunderbar und groß, und aus dem Kleinen bauen sich die Welten.

Inschrift auf dem Grabstein von Christian Gottfried Ehrenberg (1795 – 1876)

Den Menschen der Antike und des Mittelalters war der neugierige Blick in die kleinen Welten unterhalb der natürlichen Sehschärfe mangels geeigneter Technik verwehrt. Folglich hatten sie keinerlei Vorstellung davon, dass es dort überhaupt etwas zu sehen gibt. Erst im Laufe der Neuzeit gelangen Einblicke in zuvor unvorstellbare Größenordnungen mit neuartigen Vergrößerungsinstrumenten. Interessanterweise baute man zunächst Fernrohre, um damit in astronomische Weiten zu schweifen und Himmelskörper gleichsam aus der Nähe zu beobachten. Welcher neugierige Forscher seine Blicke nun erstmals nicht nach oben, sondern nach unten auf die sehr kleinen Dinge gerichtet hat, ist nicht jahr- und personengenau überliefert. Um 1590 sollen niederländische Linsenschleifer und Brillenmacher, Vater und Sohn Janssen in Middelburg, ein einigermaßen taugliches Vergrößerungsgerät konstruiert haben.

Deutlich besser war wohl das Mikroskop des britischen Physikers Robert Hooke (1635 – 1703) – es gestattete immerhin bis zu 100-fache Vergrößerungen und galt seinerzeit geradezu als sensationell.

Das Instrument eines der bedeutendsten Pioniere der Mikroskopie, des Tuchhändlers ANTONI VAN LEEUWENHOEK aus Delft (1632 – 1723), würden wir heute eigentlich als starke Handlupe bezeichnen, denn es bestand nur aus einer einzigen Linse. LEEUWENHOEK hatte von Berufs wegen Umgang mit vergrößernden Lupen, vor allem mit sogenannten Fadenzählern, mit denen man (damals wie heute) die Qualität von Webgut beurteilte. So verwundert es nicht, wenn er aus lauter Liebhaberei verschiedenste Dinge seiner Umwelt buchstäblich unter die Lupe nahm und dabei erstaunliche Entdeckungen machte. Als man seine Berichte von den Streifzügen mit dem Mikroskop vor der ehrwürdigen Königlichen Akademie der Wissenschaften in London verlas, schüttelte man dort ungläubig die Perücken.

Eines der ersten leistungsfähigen Himmelsfernrohre baute der berühmte Galileo Galilei (1564 – 1642) – damit gelang ihm die folgenschwere Entdeckung der Jupitermonde.

LEEUWENHOEK war ein leidenschaftlicher Forscher. Er schaute sich ziemlich wahllos alles an, was sich zur genaueren Inspektion anbot, darunter Zahnbelag und Wassertropfen, Pflanzenteile, zerzupfte Muskelfasern und Mücken, Läuse oder Flöhe. Davon muss auch der bedeutendste Naturpädagoge seiner Zeit, der in Böhmen wirkende JOHANN AMOS COMENIUS (1592 – 1670), gehört haben, denn er schwärmt in einem seiner Bücher von den erstaunlichen Möglichkeiten der neuen Mikroskope, die „Flöhe so groß wie Spanferkel" erscheinen lassen. Überhaupt waren vergrößernde Linsen und Lupen (oder Flohgläser, wie man sie damals einfach nannte), weniger der Schlüssel zum noch weithin unerkannten Mikrokosmos, sondern eher ein beliebter Zeitvertreib. Selbst zu Zeiten von ALEXANDER VON HUMBOLDT galt es am preußischen Hofe durchaus nicht als unschicklich, den feinen Damen der Gesellschaft zum Ergötzen aller Beteiligten mit Lupe und Präpariernadel ihre Flöhe vorzuführen.

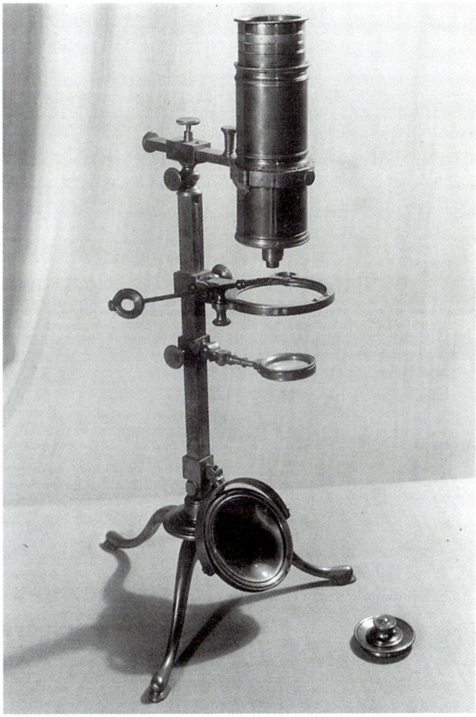

Der Dichter und Naturforscher Johann Wolfgang von Goethe arbeitete mit diesem Mikroskop.

Zwischen ganz groß und winzig klein

Die Sehschärfe des Auges entspricht bei normalem Leseabstand einem Sehwinkel von rund einer Bogenminute, dem sechzigsten Teil eines Winkelgrades.

Die tägliche Erfahrungswelt stellt uns vielerlei bemerkenswerte Ansichtssachen vor Augen. Wir sehen Landschaften, Häuserblocks oder Baumgruppen und sicher auch Blumen, Vögel oder Schmetterlinge, wegen der Entfernung aber oft nur als Farbflächen oder Umrisse. Einzelheiten der Formgebung entgehen uns, weil wir sie „übersehen". Erst mit zunehmender Nähe wächst die Erkenntnis, dass unsere Welt aus fast beliebig vielen Kleinigkeiten besteht. Natürlich ist der Farbenrausch eines bunten Sommergartens ein tolles Spektakel für die Augen, aber eine Einzelblüte oder die munter darin umherturnenden Insekten sind es auch.

Die Detailbetrachtung stößt jedoch an klare Grenzen. Auch wenn die Nase ganz tief in einer Blume versinkt, sieht man nicht wesentlich mehr als aus normalem Leseabstand. Im täglichen Leben bewegt man sich meist in Größenordnungen von Milli- bis Kilometern. Für die Naturwissenschaften reichen diese Längenmaße oft nicht aus. Die weiteste mit bloßem Auge gerade noch erkennbare kosmische Struktur, die berühmte Andromeda-Galaxie, ist rund 2,3 Millionen Lichtjahre oder ca. $2{,}1 \times 10^{19}$ km von uns entfernt – nur wenn man solche gewaltigen Zahlen in Zehnerpotenzen ausdrückt, werden die Dimensionssprünge etwas überschaubarer. Betrachtet man sich selbst einmal im Bereich von angenähert 10^0 m, dann ist das gesamte Weltall „nur" etwa 10^{24} mal größer als wir selbst.

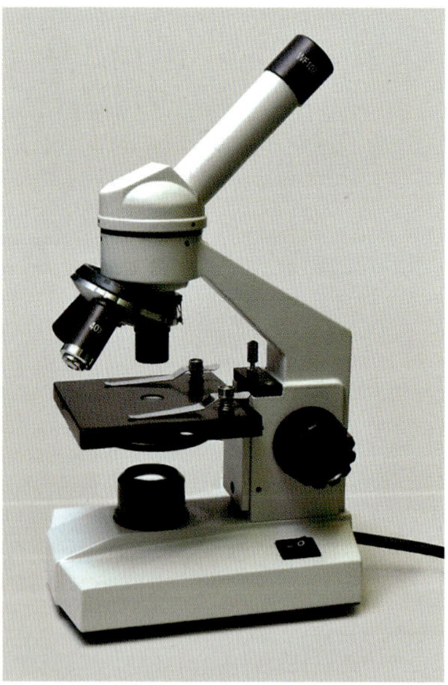

Einfaches Schülermikroskop mit Grobtrieb und drehbarer Lochblende

Das andere Ende der normalerweise erlebbaren Größenskala ist bestimmt durch das Auflösungsvermögen bzw. die Sehschärfe des Auges. Darunter versteht man die Fähigkeit, zwei eng benachbarte Punkte oder Linien als getrennte Elemente wahrzunehmen, etwa das Tüpfelchen auf einem i dieser Buchseite. Im Durchschnitt liegt die Sehschärfe unserer Augen bei etwa 0,2 mm.

Das Lichtmikroskop verbessert nun die von Natur aus ziemlich begrenzte Sehschärfe des Auges erheblich, bestenfalls um den Faktor 1000, sodass man in einem Präparat auch noch Dinge wahrnehmen kann, die nur etwa 0,2 µm voneinander entfernt sind. Stellt man sich eine Strecke von 1 m auf 1 km vergrößert vor, entspricht diese maximale Auflösung einem minimalen Punkt- oder Linienabstand von etwa 2 cm. Die meisten Labor- und Kursmikroskope bleiben deutlich unter diesem Wert.

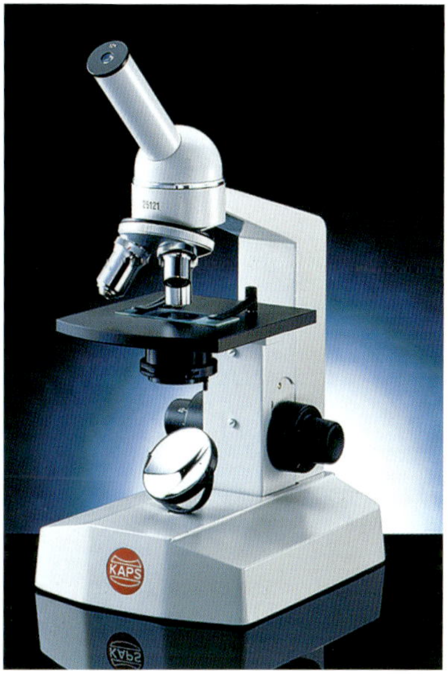

Schul- und Kursmikroskop mit koaxialem Grob- und Feintrieb und Kondensor. Der Spiegel kann durch eine Aufsteckleuchte ersetzt werden.

In der dem Lichtmikroskop zugänglichen Größenordnung ist die Welt jedoch noch nicht zu Ende. Mit noch leistungsfähigeren Instrumenten, die andere Informationsträger und Darstellungsweisen nutzen, konnte die Forschung selbst die kleinsten Bauteile der Materie ausleuchten. Die Grenzen der Erkenntnis liegen derzeit tief im Kern eines Wasserstoffatoms und damit in einer Größenordnung von unter 10^{-16} m. In solche Winzigwelten können und wollen wir hier natürlich nicht abtauchen. Was uns das Lichtmikroskop mit einer gegenüber unseren Augen um rund das Tausendfache gesteigerten Auflösung an Seherlebnissen verspricht, ist bereits faszinierend genug und reicht locker für ungezählte Stunden voller Staunen.

Erleben in neuen Grenzen

Seit dem Zeitalter der Entdeckungen hat sich das Bild der Erde stetig gewandelt, dabei verdichtet und vervollständigt. Seit 1957 kann man die Erde sogar aus größerem Abstand betrachten. Von Raketen in den erdnahen Raum getragene Sonden liefern uns immer bessere und genauere Außenansichten. Längst haben solche technischen Kundschafter auch noch weitere Abstände durchmessen, sind als Forschungsroboter auf Nachbarplaneten unterwegs oder auf dem Weg zu noch entlegeneren Außenbezirken unseres Sonnensystems – in Entfernungen von etlichen Millionen Kilometern.

Wenn man mit einem superteuren Teleskop den Nachthimmel durchstöbert, sieht man die gleichen Sterne wie vorher. Auch ein stark vergrößertes Bild des Mondes zeigt immer noch den Mond. Beim Arbeiten mit dem Mikroskop ist das völlig anders.

Im Vergleich zum technischen Aufwand einer Ariane 5 ist das Mikroskop ein verhältnismäßig bescheidenes Instrument. Obwohl man damit nur um Bruchteile eines Millimeters in unbekannte Strukturen vordringt, erobert es Welten von gänzlich anderer Erlebnisqualität. Die Beobachtung einer lebenden Zelle selbst in einem sehr einfachen Mikroskop bietet dagegen eine geradezu grundsätzlich neue Erfahrung, denn die Zelle ist mit dem bloßem Auge nicht erkennbar. Dass es sogar Lebewesen gibt, die noch viel kleiner sind als die Staubläuse, die manchmal als braungraue Punkte über eine vergilbte Buchseite huschen, ist für jeden, der zum ersten Mal in ein Mikroskop schaut, ein ganz besonderes Seh-Abenteuer, denn das jeweils betrachtete Objekt nimmt unter dem Mikroskop neue und zuvor so nicht wahrgenommene Qualitäten an. Da tun sich plötzlich in jedem beliebigen Pflanzenstängel eigenartige Labyrinthe mit Netz- und Maschenwerken aus Löchern, Stegen und Spangen auf und halten den Blick gefangen. Selbst ein Minischnipsel von einem Streichholz oder ein Fruchtfleischfetzchen von Erdbeere oder Birne überraschen mit einer Menge seltsamer Strukturen, die sich beim Anblick mit bloßem Auge so nicht ahnen lassen. Obwohl die Kleinstbauteile, zu denen das Mikroskop in ganz wenigen Schritten Zugang verschafft, zunächst ein wenig verwirren, sind sie keineswegs chaotisch. Vielmehr bildet sich auch in den Größenordnungen unterhalb der natürlichen Sichtbarkeit eine beeindruckende Ordnung ab, die es nun zu erkunden gilt. Mit jedem neuen Präparat öffnet sich also ein weites Feld. Nur durch das Kennenlernen des Kleinen lässt sich auch das Große begreifen.

Die Arbeit mit dem Mikroskop begeistert und fasziniert auch noch aus einem ganz anderen Grund. Weit unterhalb der natürlichen Schranken der Seherfahrung finden wir nicht nur ungewöhnliche Formen und Funktionen, sondern treffen überrascht auch auf eine unerwartete Schönheit. Sicherlich ermöglicht es uns die Mikroskopie, im Detail besonders genau hinzusehen und den Zusammenhang von Formen und Funktionen besser zu verstehen. Aber oft gerät die mikroskopische Bilderfahrt auch zum hinreißenden Farbenrausch wie bei der Wanderung durch eine sommerbunte Landschaft. In der Schönheit des Details zeigt sie Ästhetik pur – auf- und anregender als in vielen Bereichen des Makrokosmos.

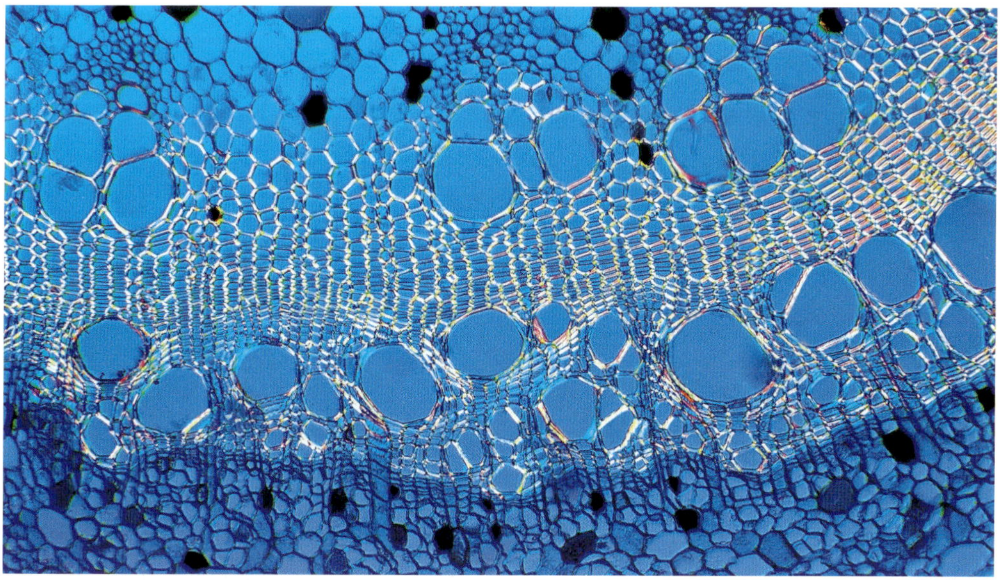

Querschnitt durch einen Hopfenstängel – mit schwarzgrüner Eisengallus-Tinte gefärbt

Das eigene Mikrolabor

Die Verführung ist verständlicherweise groß, mit dem gerade erstandenen Mikroskop im Direktverfahren die Umgebung zu erkunden und beispielsweise den kleinen Finger unter das Objektiv zu legen, um so den ersten Geheimnissen des Lebens auf den Grund zu gehen. Für erfolgreiche Expeditionen in die mikroskopischen Kleinwelten ist es aber unabdingbar, die Objekte möglichst transparent dünn und damit durchstrahlbar herzurichten, denn eigentlich betrachtet man im Mikroskop immer nur Teile von Teilen bzw. die Organismen scheibchenweise. Und dazu benötigt man ein paar hilfreiche Werkzeuge. Die meisten der nachfolgend benannten Ausrüstungsgegenstände erhält man im Fachhandel – als Präparierbesteck unter anderem in Fachgeschäften für den Labor- und Medizinbedarf.

Ein paar nützliche Kleinigkeiten

Die Anschaffung eines Mikroskopes ist sicherlich der mit Abstand größte Posten auf der Kostenseite. Was man sonst noch für die Präparations- und Beobachtungsarbeit benötigt, ist dagegen rasch besorgt oder ohnehin aus haushaltsüblichem Inventar zusammenzustellen. Zur Grundausstattung des Arbeitsplatzes gehören die folgenden Utensilien:

Objektträger

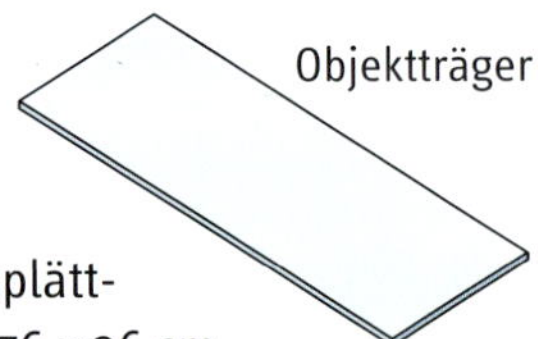

Objektträger

Objektträger sind höchstens 1 mm dicke und rechteckige Glasplättchen im Format 76 x 26 cm (= 3 x 1 inch, schon 1839 in London festgelegt und heute weltweit Standard). Vorzugsweise verwendet man solche mit leicht angeschliffenen bzw. gebrochenen Kanten – das bewahrt die Fingerkuppen zuverlässig vor Schnittverletzungen. Vom Standardmaß abweichende kleinere Formate sind oft Lieferbestandteil von Billigstmikroskopen, aber ebenfalls kaum zu empfehlen, weil sie nicht in die Objekthalterung eines Kreuz-

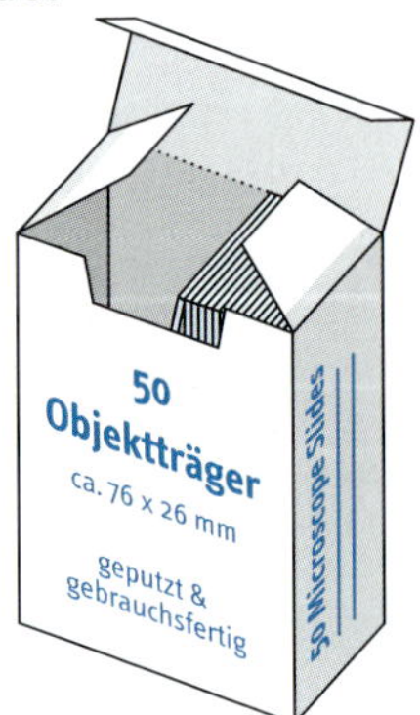

Päckchen Objektträger

tischs passen. Objektträger gibt es üblicherweise in Abpackungen zu je 50 Stück.

Deckgläser

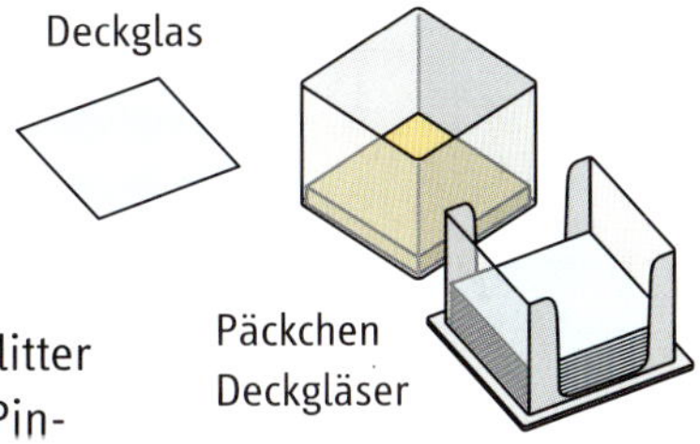

Deckgläser sind meist unter 0,17 mm dicke, quadratische Glasplättchen im Format 18 x 18 bis 24 x 24 mm. Sie sind so hauchdünn, dass sie sich bei Belastung ein wenig verbiegen, aber unvermittelt in viele kleine und eventuell gefährliche Splitter zerspringen. Man fasst sie daher grundsätzlich nur mit einer Pinzette oder ganz vorsichtig an den Rändern zwischen Daumen und Zeigefinger an. Deckgläser gibt es meist in Packungsgrößen zu je 100. Im Handel sind auch kreisrunde Deckgläser erhältlich. Man verwendet diese jedoch überwiegend im professionellen Bereich für die Herstellung von Dauerpräparaten.

Präparierbesteck

Präparierbesteck entweder in Einzelteilen selbst zusammengestellt oder als fertiger Satz in Holzkasten bzw. Mappe mit

- 2 – 3 Präpariernadeln in Holz- oder Kunststofffassung
- 2 Pinzetten (1 flache Briefmarken-Pinzette sowie 1 superspitze)
- kleinere Schere
- kleines Messer oder Skalpell für die Vorpräparation härterer Objekte
- Päckchen Rasierklingen (ungefettet) zum Anfertigen dünner Handschnitte; eine Schneide der jeweils in Gebrauch befindlichen Klinge drückt man aus Sicherheitsgründen in einen Flaschenkorken

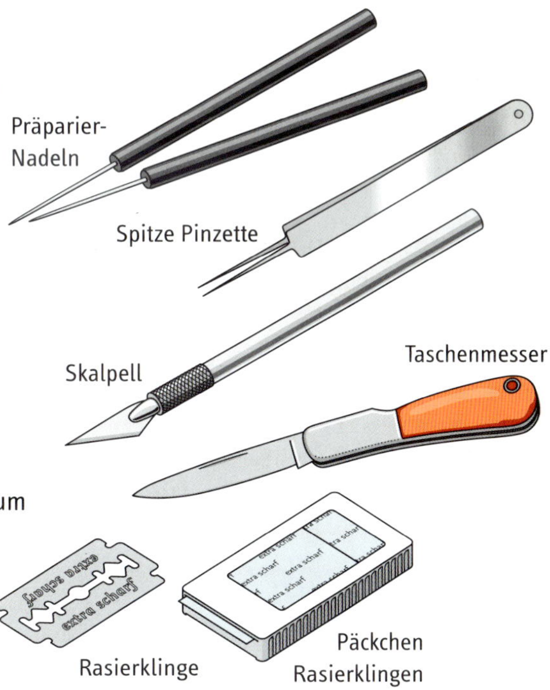

Filtrierpapierstückchen (ca. 1 x 3 cm)

- feiner Malpinsel (kleinste Stärke) zum Übertragen feinster oder sehr weicher Objekte vom Schneidewerkzeug auf den Objektträger
- Filtrierpapierstreifen, ca. 5 x 1 cm groß zugeschnitten aus normalen Kaffee- oder Teefiltern

Reinigungsmaterial

- Baumwoll- oder Leinenlappen: mehr- bis vielfach gewaschen und möglichst nicht (mehr) fusselnd sowie Mikrofaser-Brillenputztuch bzw. Linsenpapier (aus dem Optik-Fachgeschäft)
- Papiertaschentücher: keine blütenweißen, sondern einfache Recyclingqualität

Glasgeräte

- mehrere Tropfpipetten (Pasteur-Pipetten mit Gummihütchen oder gut gereinigte Pipetten von leeren Augen- bzw. Nasentropfenfläschchen), eventuell auch aus stabilerem Kunststoff
- 2 – 3 Glasstäbe (ca. 15 cm lang und 0,3 mm dick)

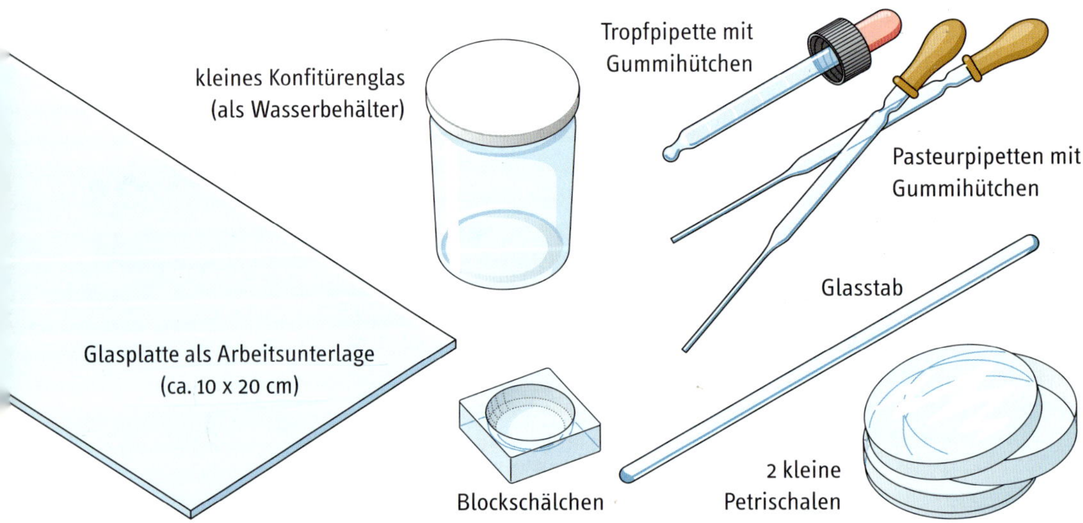

- Glasplatte ca. 10 x 20 cm als Arbeitsunterlage zum Vorpräparieren
- mehrere kleine verschließbare Gläser (Schraub- oder Schnappdeckelgläser) zum Aufbewahren unfertiger Präparate oder anderer Objekte.

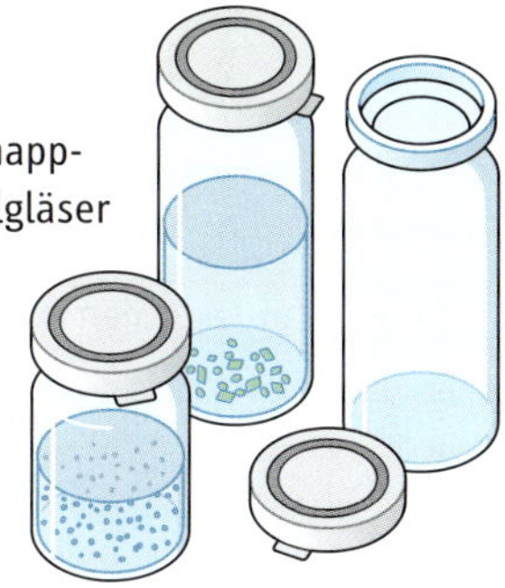

Schnappdeckelgläser

Färbereagenzien

Für die Anfangsausstattung des Arbeitsplatzes genügen ein paar Patronen mit normaler blauer Füllhaltertinte (= Methylenblau) sowie mit roter Korrekturtinte (= Eosin), ferner etwa 10 ml Lugolsche Lösung (bzw. Jodtinktur, aus der Apotheke). Weitere etwaige Färbelösungen oder sonstige im Mikrolabor übliche Chemikalien wie etwa Glyceringelatine bezieht man als Fertiggemische über den Fachhandel (beispielsweise www.chroma.de (Chroma, Fa. Waldeck & Co., Divison Chroma, Havixbecker Straße 62, 48161 Münster, 01 80/23 26) oder eventuell aus der Apotheke, ebenso einige wenige Reagenzien für speziellere Beobachtungsaufgaben in einzelnen Untersuchungsprojekten. Wir beschränken uns in diesem Buch auf relativ einfache Präparationen und Beobachtungen ohne nennenswerten Bedarf an speziellen Chemikalien.

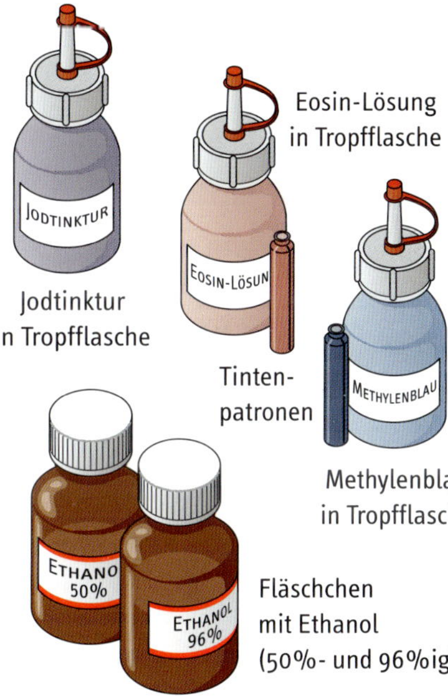

Jodtinktur in Tropfflasche

Eosin-Lösung in Tropfflasche

Tintenpatronen

Methylenblau in Tropfflasche

Fläschchen mit Ethanol (50%- und 96%ig)

> @ Natürlich bietet auch der Lehrmittelhandel das Grundwerkzeug für die Mikroskopie in Teilen oder als Komplettpaket an, per Internet beispielsweise die Firmen www.ehlert-partner.de, www.biologie-bedarf.de, www.betzold.de oder www.windaus.de.

Alles was man zum Mikroskopieren an Gerätschaften oder sonstigen Hilfsmitteln braucht, bewahrt man zwischen den einzelnen Arbeitssitzungen in einer verschließbaren Plastikbox (Abmessungen etwa 20 x 35 x 15 cm oder größer) auf, wie man sie in Baumärkten erhält. Damit ist immer die gesamte Ausstattung vollständig und im Bedarfsfall griffbereit beisammen und außerdem vor dem Verstauben geschützt.

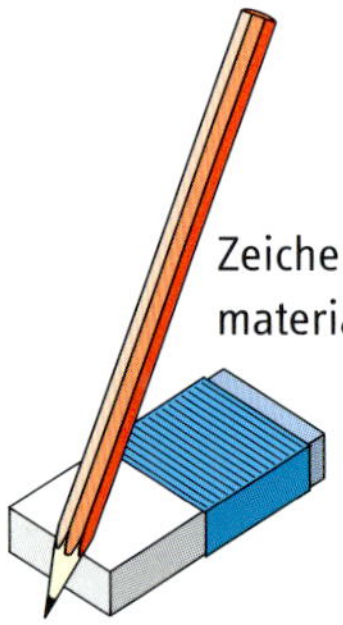

Beobachtungstagebuch

Die regelmäßige Beschäftigung mit dem Mikroskop bringt von Mal zu Mal neue und interessante Erfahrungen. Vieles geht mit der Zeit sozusagen in Fleisch und Blut über, anderes vergisst man wieder. Einsichten, Erkenntnisse oder Erfahrungen sind aber viel zu schade, um sie dem Zufallsspeicher zu überlassen. Deshalb halten wir alles Wissenswerte zu unseren mikroskopischen Expeditionen in einem Protokollheft fest – in einer dickeren Kladde (DIN A5), die sich Schritt für Schritt zur Fundgrube entwickelt.

Sicher ist sicher

Die in der Mikroskopie verwendeten Reagenzien sind grundsätzlich nicht für die menschliche Ernährung gedacht: Die in diesem Buch benannten Verbindungen sind zwar nicht hochgradig giftig oder in starkem Maße gesundheitsschädlich, aber dennoch ist sorgsamer Umgang unbedingt erforderlich, auch wenn nicht jedes Mal ein warnender Hinweis auftaucht. Vor allem müssen Chemikalien – ebenso wie scharfe und spitze Präparierwerkzeuge – für kleinere Kinder unerreichbar sein und für sie unzugänglich aufbewahrt werden.

! Über die etwaige gesundheitliche Gefährdung durch einzelne chemische Verbindungen oder sonstige Gefahrenpotenziale orientieren u.a. auch die entsprechenden Hinweise im Internet unter www.gefahrstoffdaten.de.

Kinder und Jugendliche, die mit diesem Einsteigerbuch arbeiten, sollten bei etwas schwierigeren Präparationen mit scharfem oder spitzem Schneidewerkzeug wie etwa beim Anfertigen dünner Handschnitte mit einer Rasierklinge immer einen Erwachsenen um Hilfe bitten. Das gilt auch für den Umgang mit offener Flamme. Normalerweise gehören zur Standardausstattung eines mikroskopischen Arbeitsplatzes weder Verbandszeug noch Feuerlöscher, und so sollte es auch bleiben.

Kein Platz an der Sonne

Für seinen mikroskopischen Arbeitsplatz mit dem angeschlossenen mobilen Mikrolabor wählt man einen stabilen Tisch in Fensternähe, allerdings nicht auf der Sonnenseite des Hauses: Eine helle Arbeitsplatzbeleuchtung ist zwar unbedingt wünschenswert, aber direktes Sonnenlicht ist einfach zu grell, und Mikroskopieren mit Sonnenbrille ist nicht zu empfehlen. Vorteilhaft ist ein verstellbarer Bürodrehstuhl, mit dem man seine individuelle Sitzhöhe so einstellen kann, dass man ohne ermüdende Verrenkungen in das Mikroskop schauen kann.

Beleuchtung und Helligkeit sind in der Lichtmikroskopie ein wichtiges Thema. Direktes Sonnenlicht ist jedoch nicht empfehlenswert.

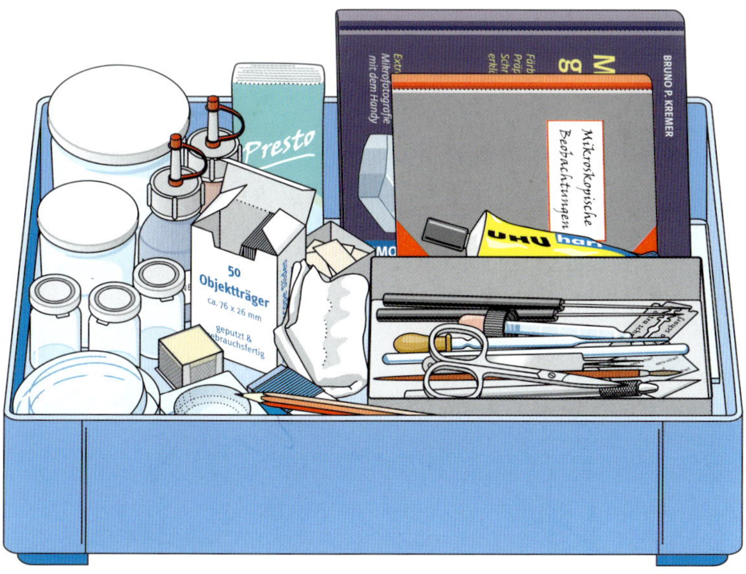

Alles beisammen und im Griff: Die Grundausstattung für den eigenen mikroskopischen Arbeitsplatz passt bequem in eine Utensilienbox.

Das Mikroskop kennenlernen

Es könnte Weihnachten, Geburtstag oder ein sonstiger Geschenkanlass sein: Auf dem Geschenktisch steht verheißungsvoll ein hübsch eingepackter Karton, etwa so groß und schwer wie eine Dreierpackung Saftflaschen. Das Innenleben ist rasch enthüllt – aus Papier und Pappe schält sich ein Mikroskop. Natürlich soll das gute neue Stück sofort ausprobiert werden. Zum Glück gehören zur Startpackung ein paar Objektträger und Deckgläser.

Sofort gehen die Überlegungen zum legendären Leben im Wassertropfen, das eben nur ein Mikroskop so richtig vor Augen führen kann. Also rasch eine Miniprobe aus dem Wasserhahn abzapfen, Deckglas auflegen, stärkste Vergrößerung wählen und dann ein erwartungsvoller Blick in die Röhre. Sekundenlang vernimmt man nur heftiges Atmen und dann ein fassungsloses „Hm, man sieht ja gar nichts". Vielleicht liegt es nur an der Scharfstellung. Ein paar Drehungen am seitlichen Triebknopf werden das Problem wohl rasch beheben. Die wimmelnde Welt im Wassertropfen stellt sich dennoch nicht ein. Stattdessen knirscht das Deckglas – die Frontlinse des Objektivs hat es konsequent einem Crashtest unterzogen und erwartungsgemäß gewonnen. Die Frustration ist perfekt, das Mikroskop kommt vorerst wieder in seine Verpackung und wartet womöglich viele Wochen lang auf einen erfolgreicheren Einsatz.

Solche oder ähnliche Szenen haben sich schon oft abgespielt. Ohne Vorerfahrung erleben Einsteiger in die Mikroskopie zunächst allerhand Blockaden mit ihrem neuen Instrument, und so ganz einfach ist der kompetente Umgang mit der sensiblen Mechanik bzw. Optik ja tatsächlich nicht.

Die Qual der Wahl

Im günstigsten Fall gab die oben erwähnte Geschenkpackung ein Mikroskop frei, dass diese Bezeichnung auch tatsächlich verdient. Auf dem Markt finden sich neben den Produkten renommierter Hersteller (beispielsweise Olympus, Leica, Zeiss, Will, Hundt,

Eschenbach, Euromex) auch immer wieder Billig(st)angebote, die man bestenfalls in die Kategorie Spielzeug einordnet. Bei Mikroskopen, die deutlich unter 100 Euro kosten, zeigt sich rasch und erbarmungslos der erhebliche Unterschied zwischen preisgünstig und preiswert. Andererseits lässt sich leider nicht exakt angeben, ab welcher Preisklasse ein Mikroskop denn nun wirklich etwas taugt – die für den Hobbybereich vertretbare und empfohlene Kostenspanne reicht etwa von Fahrrad bis Gebrauchtwagen. Für professionelle Anwendungen wie in der Forschung oder in der industriellen Fertigungskontrolle gibt es sogar Mikroskope im Gegenwert einer Luxuslimousine.

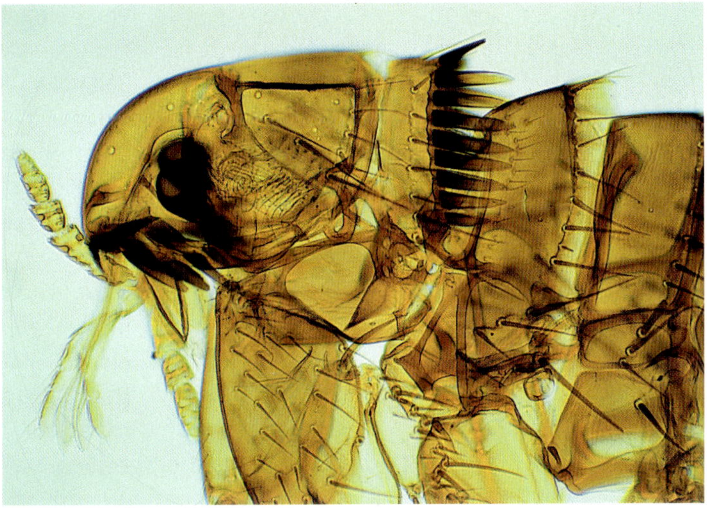

Kopfregion eines Hundeflohs

Wer sich die Mikroskopie als ein eventuell lebenslanges Hobby erarbeiten möchte, sollte die vielleicht etwas höheren Einstiegskosten nicht scheuen und lieber gleich zu Beginn ein qualitativ ernst zu nehmendes Gerät wählen, am besten ein ausbaufähiges System-Mikroskop. Gute Optik verschleißt nicht – ein hochwertiges Mikroskop leistet bei sorgsamer Handhabung und Pflege viele Jahrzehnte lang hervorragende Dienste. Insofern bietet sich – wenn man nicht ohnehin ein schmuckes Familienerbstück besitzt – selbstverständlich auch die Anschaffung eines gebrauchten Instrumentes an, aus Angeboten im Internet ebenso wie aus Anzeigen in einschlägigen Zeitschriften wie dem Mikrokosmos. Lassen Sie sich vor einer Kaufentscheidung in Fachgeschäften beraten oder kontaktieren Sie eine der Mikroskopischen Arbeitsgemeinschaften, die in vielen Großstädten bestehen.

Das Mikroskop unter die Lupe nehmen

Das Design ändert sich, der Grundaufbau eines Mikroskops nicht. Bei Markenmikroskopen mit Normoptik sind die Teile sogar wechselseitig austauschbar.

Unabhängig von Ausstattung, Größe und Preis zeigen alle Mikroskope im Prinzip den gleichen technischen Aufbau mit mechanischen und optischen Bauteilen. Sehen wir uns zunächst die optische Ausstattung an. Je nach Bauart besitzt das Mikroskop eine gerade Röhre (= Tubus) oder hat einen Knick in der Optik (Schrägeinblick). Am oberen Tubusende (Einblickseite) ist das Okular eingesteckt (vom lateinischen *oculus* = Auge), während an der unteren Tubusöffnung das dem Objekt zugewandte Linsensystem, das Objektiv, eingeschraubt ist. Meist sind mehrere Objektive unterschiedlicher Länge und Vergrößerungsleistung an einem drehbaren Objektivrevolver angebracht. In den Strahlengang einbezogen ist jeweils das senkrecht nach unten weisende Objektiv.

Auf dem Okular liest man eingraviert die Angabe H (Okulartyp nach Huygens) und eine Vergrößerungszahl (meist 10 x). Die Objektive tragen ebenfalls verschiedene Angaben: Die auffälligste Zahl benennt die Vergrößerung – ein typisches Mikroskop ist mit je einem 3,5-, 10- und 40-fach vergrößernden Objektiv ausgestattet. Die erreichbare Gesamtvergrößerung erhält man durch Multiplikation der jeweiligen Vergrößerungsangaben: Ein 10-fach vergrößerndes Okular leistet in Verbindung mit dem 40er-Objektiv also eine 400-fache Vergrößerung. Die übrigen Gravuren bedeuten

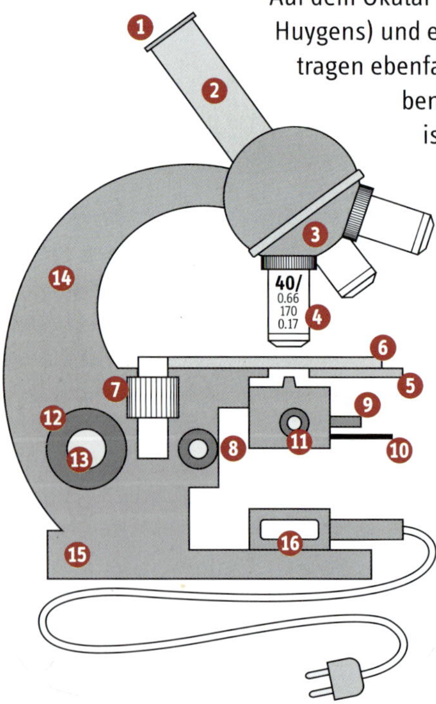

Bauteile des Lichtmikroskops. 1 Okular, 2 Tubus, 3 Objektivrevolver, 4 Objektiv, 5 Objekttisch, 6 Kreuztisch, 7 Stellschrauben für Kreuztisch, 8 Höhenverstellung Kondensor, 9 Justierung Kondensor, 10 Aperturblendenhebel, 11 Zuschalten Zusatzlinse, 12 Grobtrieb, 13 Feintrieb, 14 Stativbügel, 15 Stativfuß, 16 Beleuchtung

Folgendes: Die Zahl 160 (bei älteren Mikroskopen meist 170) gibt die Tubuslänge (in mm) an, für die das betreffende Objektiv berechnet ist, die Zahl 0,17 die maximal verwendungsfähige Deckglasdicke (in mm). Die vierte Angabe – zwischen 0,1 und 1,3 – bezeichnet die numerische Apertur. Je größer deren Zahlenwert ist, umso besser vermag das Objektiv feinste Objektdetails darzustellen oder aufzulösen, wie die Fachleute sagen. Im Allgemeinen steigt die Apertur mit der Eigenvergrößerung, doch gibt es gerade bei Billigstmikroskopen stark vergrößernde Objektive mit geradezu miserabler Auflösung. Weitere Hinweise betreffen etwaige Objektivkorrekturen: Apo steht für Apochromate, die Abbildungen ohne farbliche Verzerrungen liefern; Plan bedeutet ein geebnetes Bildfeld. Der Planapochromat, ein aufwendig korrigiertes und relativ teures Objektiv, bietet also ein bis in die Randbereiche scharfes,

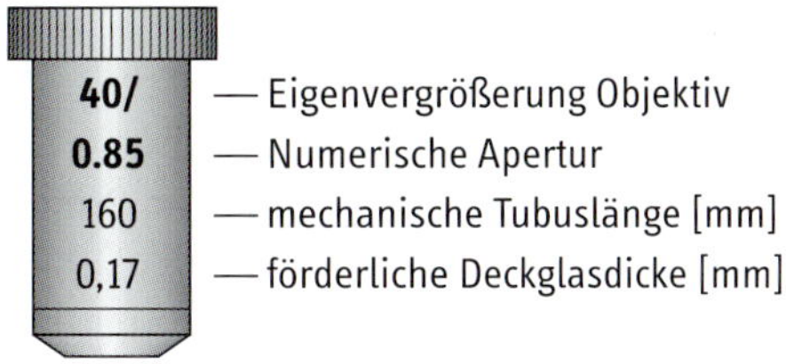

Auf einem Objektiv sind mehrere wichtige Angaben eingraviert.

Schuppen vom Silberfischchen (Zuckergast)

Grünalge HAEMATOCOCCUS *aus einer Vogeltränke*

ebenes Bild ohne störende Farbsäume an den Objektstrukturen. Auf Objektiven mit Aperturen >1 findet man gewöhnlich den Zusatz „Oel“ oder einen schwarzen Ring. Diese Objektive müssen jeweils in einen Tropfen Immersionsöl auf dem Deckglas des Präparates eintauchen, um ihre volle Leistung zu bringen.

Unabhängig von Okular und Objektiven am Tubus besitzen etwas bessere Mikroskope unterhalb der Zentralöffnung des Objekttisches ein weiteres Linsensystem, den Kondensor. Er hat die Aufgabe, das Licht von der Lichtquelle zu bündeln und durch das Objekt zu lenken. Zum Kondensor gehört außerdem die Aperturblende, mit der man ebenso wie an einer Kamera die Schärfentiefe (Tiefenschärfe) reguliert. Unterhalb des Kondensors befindet sich bei sehr einfachen Mikroskopen ein dreh- und klappbarer Spiegel, der das Licht von einer externen Leuchte umlenkt, oder eine in den Stativfuß integrierte Lichtquelle, entweder eine Niedervoltlampe oder bei neueren Instrumenten eine lichtstarke LED-Einrichtung. Ein oder zwei Drehknöpfe seitlich am Stativbügel des Mikroskops dienen zum Scharfstellen. Sie heben oder senken den Tubus (Mikroskope älterer Bauart) oder den Objekttisch.

Reinigen und sonstige Pflegedienste

Der ärgste Feind des Mikroskops ist (außer üblen Kratzern auf den Linsen) der allgegenwärtige Staub. Man bewahrt also sein Instrument zwischen den Einsätzen immer in einem entsprechenden Behältnis oder unter einer Schutzhülle auf. Regelmäßig zu reinigen sind lediglich die Linsen – das Okular, weil es ständig in Kontakt mit naturgefetteten Augenwimpern (oder dem Augen-Make-up der Freundin ...) kommt, und das Objektiv, nachdem es vielleicht doch einmal unabsichtlich in eine Farblösung eintauchte.

Okulare und Objektive nur zum Reinigen aus dem Tubus nehmen und sofort wieder einsetzen, damit kein Staub in das Innere eindringen kann.

- Lose anhaftende Verschmutzungen entfernt man mit einem kleinen Blasebalg (in Fotofachgeschäften) oder mit einem weichen, fettfreien Malpinsel, den man zuvor mehrfach in Feuerzeugbenzin gereinigt hat.
- Nicht abwischbare oder sonst wie angekrustete Beläge entfernt man mit wenig Wasser (Anhauchen der Linse genügt meistens, sonst etwas Wasser mit einem Spritzer Spülmittel) und einem Mikrofaserputztuch oder Linsenpapier (in Optikfachgeschäften) bzw. einem nicht fusselnden, bereits häufig gewaschenen Leinentuch.

Nur bei sehr hartnäckiger Verschmutzung verwendet man Waschbenzin oder Diethylether (Vorsicht: Dämpfe nicht einatmen!), niemals jedoch Alkohol (daher auch keine Glas- oder Fensterputzmittel), weil dieser die Linsenverkittung angreifen könnte. Ansonsten sind Mikroskope praktisch wartungsfrei.

Ein erster Blick in die Röhre

Nun ist es so weit: Nachdem der Arbeitsplatz mit allem erforderlichen Handwerkszeug eingerichtet ist, starten wir zu unseren ersten Beobachtungen. Ein paar einfache, aber wichtige Regeln erleichtern den Zugang zu den vielen faszinierenden Dingen, die man sonst ganz einfach nicht zu Gesicht bekommt.

Ein brauchbares Objekt – denkbar einfach

Zum Einüben der Bedienungstechnik seines jeweiligen Mikroskops benötigt man natürlich ein geeignetes Präparat. Manchen Mikroskopen liegen dazu Testpräparate bei. Zu meinem eigenen ersten Schülermikroskop, das ich vor fast einem halben Jahrhundert geschenkt bekam, gehörte das Fertigpräparat eines Hundeflohs, der mich außerordentlich beeindruckt hat. Ist kein solches Fertigpräparat vorhanden, genügt für den Sofortstart auch ein Objektträger, auf dem man mit einem Glasschneider oder einem scharfkantigen Schraubendreher ein paar Schrammen einritzt. Dieses Startpräparat klingt zunächst wenig verheißungsvoll, aber es birgt einige Überraschungen.
Wir gehen nun in dieser Reihenfolge vor:

Objektträger auf den Objekttisch

Objekt ist dieses Mal der Objektträger.

Den angeritzten Objektträger legt man – mit der Schramme nach oben und ohne weitere Bedeckung mit Wasser oder Deckglas – auf den Objekttisch und klemmt ihn in die dort vorhandene Haltevorrichtung ein. Bei einfachen und Standard-Mikroskopen besteht sie aus zwei drehbaren Federklammern, bei den besseren aus einem sogenannten Kreuztisch, mit dem man den Objektträger zum ausgiebigen Durchmustern ganz bequem und in kleinsten Zwischenschritten in der x- und in der y-Richtung des Koordinatensystems über den Objekttisch schiebt.

Kondensor einrichten

Dann dreht man den unter dem Objekttisch angebrachten Kondensor mit dem dafür vorgesehenen Stellknopf bis zum Anschlag nach oben – er kann für die meisten Beobachtungsaufgaben mit dem Mikroskop in dieser Position bleiben. Bei manchen Mikroskoptypen ist er ohnehin starr und unverrückbar montiert.

Beleuchtung einschalten

Nun wird die Mikroskopleuchte eingeschaltet. Sofern das Mikroskop keine eingebaute Lampe aufweist, sondern mit einem Umlenkspiegel arbeitet, auf keinen Fall mit direktem Sonnenlicht arbeiten! Wenn die Lichtversorgung stimmt, erscheint an der oberen Kondensorlinse in der Bohrung des Objekttisches ein kleines Lichtfeld, die sogenannte Austrittspupille. Bei etwas besseren Mikroskopen lässt sich die Beleuchtung nach dem sogenannten Köhlerschen Verfahren einrichten (vgl. Textkasten S. 32). Einfachere Mikroskope arbeiten dagegen mit der Kritischen Beleuchtung, die ebenfalls brauchbare Bilder entwirft.

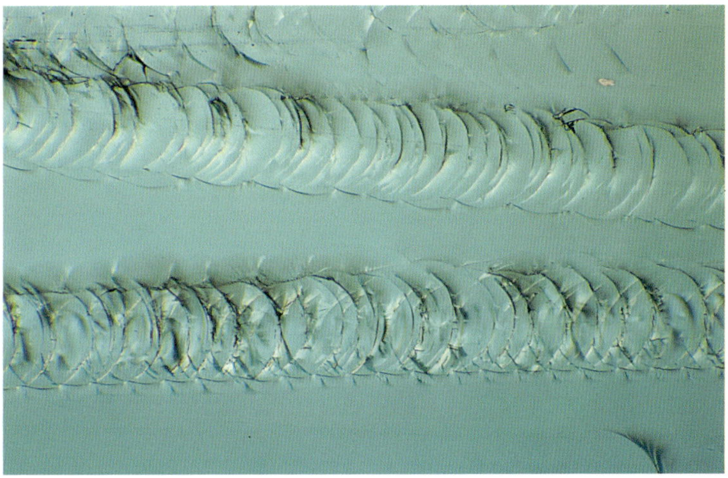

Glasschrammen auf einem Objektträger

Der erste Lichtblick – im Lupen- oder Suchobjektiv

Nachdem die grob gravierte Schramme auf dem Objektträger – eventuell mithilfe des Kreuztischs – in die hell erleuchtete Austrittspupille über dem Kondensor manövriert wurde, bringt man durch Drehen am Objektivrevolver das kleinste am Mikroskop vorhandene Objektiv, Lupen- oder Suchobjektiv genannt, in den Strahlengang. Dazu muss es senkrecht nach unten stehen sowie

Der Natur nachempfunden: Wassertropfenlupe auf dem Blatt eines Schwimmfarns

hör- und fühlbar einrasten. Meist trägt das Lupenobjektiv die Maßstabszahl 3,5-fach. Nun hebt man mit dem Grobtrieb den Objekttisch zum oberen Anschlag an. Bei Mikroskopen mit höhenbeweglichem Tubus fährt man diesen vorsichtig bis zum unteren Anschlag herab.

Helligkeit regeln

Der Blick in das Okular orientiert sofort darüber, ob die Augen die Bildhelligkeit eventuell als unangenehm empfinden. Entsprechend drosselt man ein wenig den Lampenstrom oder gegebenenfalls die Lichtzufuhr mit dem Apertur-Blendenhebel (= Iris- oder Kondensor-Blendenhebel).

Zuerst den Grob- und dann den Feintrieb

Mit dem beobachtenden Auge dicht am Okular bewegt man jetzt mit dem Grobtrieb den Objekttisch langsam abwärts (oder den Tubus so lange aufwärts), bis die ersten halbwegs klaren Konturen des Präparates sichtbar werden. Jetzt übernimmt der Feintrieb die weitere Einstellung. Eine Hand bleibt praktisch immer am Feintriebknopf, um in anderen oder nicht ganz plan liegenden Objektbereichen jeweils auf optimale Bildschärfe nachzustellen.

Objektivabgleich

Nach der ersten Orientierung im Präparat wird das nächste Objektiv (meist 10-fach) in den Strahlengang geschaltet. An guten Mikroskopen sind die Objektive abgeglichen – d.h. der zuvor beobachtete Objektbereich liegt auch beim nächsten Objektiv ungefähr in der Mitte des Gesichtsfeldes und muss nur noch durch Nachdrehen am Feintrieb scharf gestellt werden. Somit ist also nicht zu befürchten, dass das sich stärker vergrößernde Objektiv hörbar in das Präparat vertieft und mit zerstörerischen Kratzern verunziert wird. Auch beim Zuschalten noch stärkerer Objektive (40- oder gar 100-fach) ist dieses Problem nicht zu befürchten, wenngleich besondere Sorgfalt beim Wechsel der stark vergrößernden Objektive immer ratsam ist.

Auflichtansicht eines Korkscheibchens (vgl. S. 84)

Offenen Auges sehen

Beim Arbeiten und Beobachten mit dem Mikroskop hält man grundsätzlich immer beide Augen offen, auch bei Instrumenten mit nur einem Okular (= monokularer Einblick). Schon nach ein wenig Training ist festzustellen, dass man das nicht am Instrument beobachtende Auge keineswegs ständig zukneifen muss, was auf Dauer außerordentlich anstrengend und ermüdend ist. Besonders Geübte können übrigens mit dem einen Auge im Mikroskop beobachten und mit dem anderen eine parallel dazu entstehende Zeichnung kontrollieren.

Totaler Durchblick

Mit den Augen in die Ferne schweifen: Augen schonendes Mikroskopieren ist „Fernsehen".

Anfänger verfallen zunächst gerne in den Fehler, ihre Augen zur Beobachtung der Objektstrukturen auf normalen Leseabstand zu trimmen. Auch dieses Vorgehen strengt viel zu sehr an und ermüdet schon nach wenigen Minuten. Das jeweilige Präparat betrachtet man daher immer so, als würde man irgendwelche entfernten Einzelheiten in einer weiten Landschaft erblicken – d.h. mit völlig entspannter und auf unendlich eingestellter Pupillenmuskulatur. Im Prinzip schaut man also nicht völlig verkrampft in ein Mikroskop hinein, sondern einfach hindurch wie beim Fernglas oder Teleskop. Es ist also unnötig, die Augenlinsen wie beim Einfädeln eines Nähfadens in ein winziges Nadelöhr ständig unter Spannung zu halten. Zum Lockern der Muskeln, die die Augenlinse für die Nahsicht krümmen, schaut man einmal kurz aus dem Fenster auf einen entfernten Gegenstand und in dieser Augeneinstellung gleich anschließend durch das Mikroskop.

→ Köhlersche Beleuchtung

Aus der Maßstabszahl des Objektivs und der Sehfeldzahl des Okulars ergibt sich, welche Fläche eines mikroskopischen Präparates man überblicken kann. Die Köhlersche Beleuchtung, zu der es eine komplizierte physikalische Theorie gibt, erlaubt nun, mit wenigen und im Prinzip einfachen Handgriffen ein Sehfeld von genau dieser Bemessung exakt auszuleuchten. Dazu muss das Mikroskop mit einem Kondensor ausgestattet sein, den man genau in der optischen Achse in der Höhe verstellen und außerdem an Stellschrauben seitlich justieren kann. Ferner muss eine einstellbare Leuchtfeldblende und Kondensorblende (Aperturblende) vorhanden sein.

Die Einstellung der Köhlerschen Beleuchtung umfasst die folgenden Schritte:

1. Das Bild eines mikroskopischen Präparates zunächst noch ohne Rücksicht auf die Beleuchtungsqualität scharf einstellen.
2. Leuchtfeldblende (über der eingebauten oder angesteckten Mikroskopierleuchte) schließen.
3. Rand der Leuchtfeldblende durch Höhenverstellung des Kondensors scharf einstellen.
4. Leuchtfeldblendenöffnung zentrieren.
5. Leuchtfeldblende so weit öffnen, dass das gesamte Gesichtsfeld gerade ausgeleuchtet erscheint.

An einfacheren Mikroskopen ohne Leuchtfeldblende und mit Lichtführung über einen Plan- bzw. Konkavspiegel arbeitet man nach der sogenannten Kritischen Beleuchtung. Hier entsteht mithilfe des Kondensors eine Abbildung der Lichtquelle in der Objektebene. Das Aussehen der Lichtquelle, beispielsweise die hell glühende Drahtwendel, überlagert dann eventuell die Präparatestrukturen, was sehr störend sein kann. Technisch verhindert man diesen Effekt durch eine zwischengeschaltete Mattfilterscheibe oder durch eine besonders hohe Montage des Kondensors.

Fliegende Flecken

Manchmal wird man beim Arbeiten am Mikroskop – ähnlich wie beim Betrachten einer hellen Wolke am Himmel – unregelmäßige dunklere Flecken bemerken, die mit jeder Augenbewegung über das Gesichtsfeld huschen. Dabei handelt es sich um die Schatten von (vorübergehenden) Schlieren in der Augenflüssigkeit, die das helle Mikroskopierlicht auf die Netzhaut projiziert.

Mikroskopieren geht auch ohne Brille, denn die Optik des Mikroskops gleicht die eigene Kurz- oder Weitsichtigkeit aus.

Die Welt steht auf dem Kopf

Zur genaueren Inspektion einer Briefmarkensammlung genügt es, die Brille zurechtzurücken oder eine Leselupe zur Hand zu nehmen. Eine solche Lupe, mit der Karikaturen auch Kriminalisten auf der Spurensuche darstellen oder wie sie Uhrmacher und Juweliere einsetzen, liefert vergrößerte Bilder im Direktverfahren: Man muss weder das Album auf den Kopf stellen noch sich selbst in eine andere Raumlage bringen.

Das Mikroskop zeigt die betrachteten Dinge zwar detaillierter, aber es verwirrt zunächst auch ein wenig: Wenn man das Präparat auf dem Objekttisch nach rechts bewegt, verlagert sich das Bild im Gesichtsfeld nach links. Schiebt man den Objektträger nach hinten, rutscht das Gesehene entsprechend nach vorne. Mikroskopische Bilder erscheinen im Gesichtsfeld immer seitenverkehrt und auf dem Kopf stehend. An diesen anfangs etwas seltsamen Sachverhalt gewöhnt man sich allerdings rasch und nimmt ihn nach ein paar Sitzungen schon gar nicht mehr wahr. Die Bildumkehr ist eine Folge des besonderen Strahlenganges durch die Bild aufbauenden Linsensysteme.

Durch dicht und dünn

Licht ist eine unglaublich spannende Naturerscheinung. Es besteht aus einer Unzahl einzelner Wellen oder Strahlen, die uns manchmal etwas vormachen. Gelangt ein Lichtstrahl von einem Stoff in einen anderen, beispielsweise von Luft in Wasser, verläuft er nicht mehr absolut geradlinig wie zuvor, sondern wird an der Grenze zwischen beiden Medien geknickt, sofern sich diese in ihrer Dichte unterscheiden. Das abknickende Ablenken der Lichtstrahlen nennt man Brechung.

Der Grad der Brechung hängt vom Einfallswinkel ab. Je schräger ein Lichtstrahl beispielsweise auf Wasser fällt, umso größer ist seine Ablenkung oder Brechung. Zur genaueren Kennzeichnung der Brechung stellt man sich im Aufsatzpunkt des Strahls am brechenden Medium eine senkrechte Linie oder Lot vor. Trifft ein Lichtstrahl schräg am Aufsatzpunkt des Lotes auf, wird er im Wasser zum Lot hin gebrochen. Sein Einfallswinkel ist dabei größer als der Brechungswinkel. Der Unterschied zwischen Einfalls- und Brechungswinkel bezeichnet die Brechkraft des jeweils dichteren Stoffes.

Lichtbrechung: Auf dem Weg durch das Salatöl (oben) und das Wasser (unten) ändert das Licht geringfügig seine Richtung. Der Trinkhalm erscheint mehrfach geknickt.

Im Brennpunkt des Geschehens

Glas ist ebenfalls dichter als Luft und bricht daher einen auftreffenden Lichtstrahl. Aus Glas geschliffene Linsen sind – wie eine Gemüselinse – an den Rändern dünn und in der Mitte dick. Betrachten wir zwei von einem Punkt eines Gegenstandes ausgehende Lichtstrahlen, einer mit achsenparallelem Verlauf und ein zweiter durch den vorderen Brennpunkt. Beim Linsendurchgang werden beide so gebrochen, dass sie sich im hinteren Brennpunkt wieder zum Bildpunkt vereinigen.
Linsen, die einfallende Lichtstrahlen zu Bildpunkten zusammenführen, sind Sammel- oder Konvexlinsen.
Den Abstand von der Linsenmitte bis zum Brennpunkt nennt man Brennweite. Je dicker eine Linse ist, umso kürzer ist ihre Brennweite.

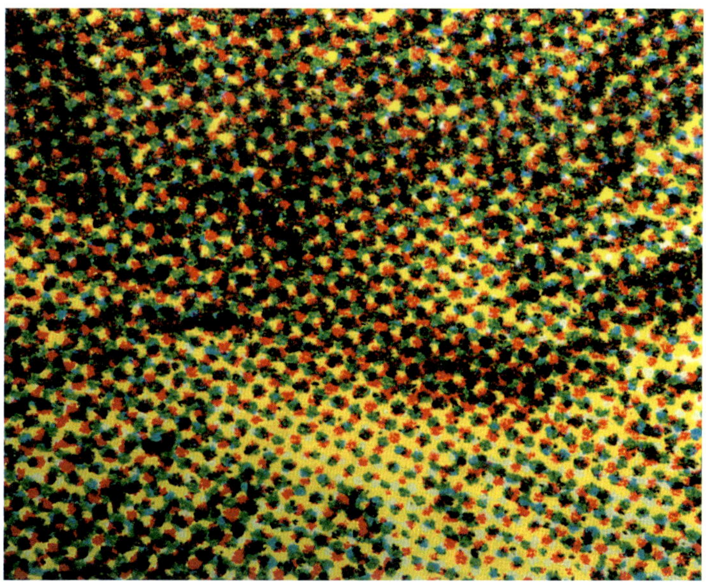

Druckpunkte: Vierfarbendruck auf Papier

Beim beschriebenen Linsendurchgang tauschen beide betrachtete Lichtstrahlen die Seiten. Im hinteren Brennpunkt

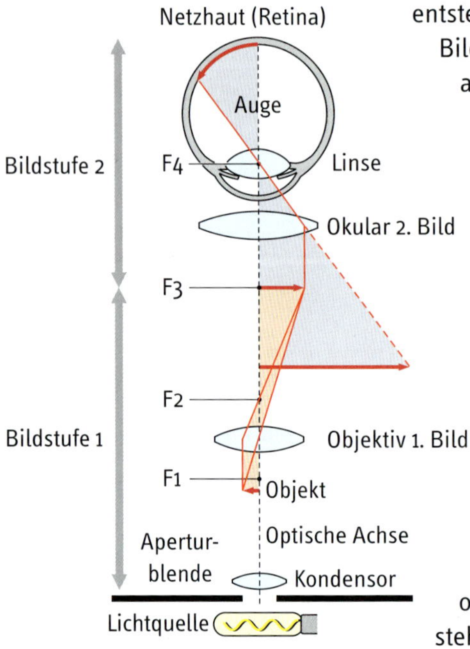

Vereinfachter Strahlengang im Mikroskop: Das Objektiv wirkt als Projektor, das Okular als Lupe.

entsteht daher ein seitenverkehrtes und kopfstehendes Bild des Gegenstandes, von dem die Lichtstrahlen ausgehen. Weil sich der Gegenstand außerhalb der einfachen Brennweite der verwendeten Linse befindet, ist sein Bild zusätzlich vergrößert und außerdem auffangbar (reell). Die Größe der Abbildung hängt von zwei Abständen ab, nämlich von der Gegenstandsweite (Abstand Gegenstand – Linse) und von der Bildweite (Abstand Projektionsschirm – Linse). Je kleiner die Gegenstandsweite ist, desto größer wird das Bild und umgekehrt. So wird verständlich, warum Kleines letztlich doch recht groß herauskommt.

Dieser vereinfacht dargestellte Strahlenverlauf entspricht der Wirkung der zum Mikroskopobjektiv vereinigten Einzellinsen. Im Tubus entsteht praktisch ein vergrößertes, seitenvertauschtes und reelles Abbild des Objektes. Die Arbeitsweise des Objektivs lässt sich daher mit einem Diaprojektor vergleichen, der an der Leinwand auffangbar ein vergrößertes und umgekehrtes Abbild seines Objektes (= Dia) entwirft.

Durch die Lupe betrachtet

Das Objektiv liefert die erste Bildstufe vom untersuchten Objekt. Die zweite Bildstufe ist der Aufgabenbereich des Okulars. Tubuslänge und Okularbrennweite sind nun so bemessen, dass das vom Objektiv

➔ Erst in unserem Augenhintergrund entsteht ein zweites reelles Projektionsbild, dessen Bildpunkte auf den lichtempfindlichen Sinneszellen der Netzhaut elektrische Impulse auslösen, die der Sehnerv dem Gehirn zuleitet.

entworfene Projektionsbild genau im vorderen Brennpunkt des Okulars liegt. Die zweite Bildstufe besteht nun einfach in einer Nachvergrößerung – das Okular arbeitet demnach genauso wie eine Lupe. In Bezug auf das Zwischenbild im Tubus ist ihre nachvergrößerte Abbildung seitenrichtig, weil kein erneuter Seitentausch der Lichtstrahlen erfolgt. Bezogen auf das Objekt bleibt das Bild nach der zweiten Bildstufe jedoch seitenverkehrt. Dieses nochmals vergroßerte Bild, das man im Okular betrachtet ist – wie alle Lupenbilder – nicht auffangbar und damit virtuell.

Tiefenwirkung: Das Hologramm des 20-Euro-Scheins täuscht Räumlichkeit vor.

Spiegelglatt

Nicht immer lässt die Grenzfläche eines Körpers die Lichtstrahlen einfach durch. Ab einem bestimmten stofftypischen Einfallswinkel verhindern nämlich an sich durchsichtige Stoffe die Brechung, und die Lichtstrahlen werden an der Grenzfläche vollständig reflektiert. Daher nennt man diese Erscheinung auch Totalreflexion. Unbewegte Wasseroberflächen wirken plötzlich wie Spiegel – in einer Wasserpfütze kann man daher sein eigenes Spiegelbild sehen. Daher spricht man auch von spiegelglatten Oberflächen.

Dieser Effekt ist auch dafür verantwortlich, dass die ausperlenden Gasbläschen im Sprudelwasser (oder Champagner ...) wie kleine silbrige Kugeln aussehen. Aus dem Randbereich eines Lufteinschlusses, in dem Totalreflexion die auftreffenden Lichtstrahlen ausblendet, gelangen nun keine Informationsträger in das Objektiv bzw. den Abbildungsstrahlengang des Mikroskops. Die entsprechende Zone bleibt deswegen im Bild schwarz. Der Grenzwinkel, unter dem Totalreflexion eintritt, hängt nur von den Brechzahlen der beteiligten Medien ab und ist rechnerisch durch die Beziehung $\sin \alpha = n_1/n_2$ festgelegt. Setzt man beispielsweise für n_1 und n_2 die Brechzahlen

Aufnahmefähig: Ein Mikrofaser-Brillenputztuch besteht aus dicht verwobenen Fadenbündeln.

für Luft (n_L= 1,0) und für Wasser (n_W= 1,33) ein, beträgt der zugehörige Grenzwinkel $\alpha = 48°$. Alle Lichtstrahlen, die in einem Winkel $\alpha > 48°$ zum Einfallslot auftreffen, werden dann nicht mehr gebrochen, sondern reflektiert. Insofern fallen die schwarzen Randsäume an der Phasengrenze Luft/Wasser immer etwas breiter und somit auch störender aus als in Medien höherer optischer Dichte, die auch noch im Randbereich vorbeistreichende Lichtstrahlen einfangen und für den Bildaufbau nutzen.

Dunkle Ränder, helle Säume

Erfahrene und akribisch arbeitende Mikroskopiker empfinden Luftblasen im Präparat als störende und ärgerliche Kunstfehler, besonders wenn sie genau über einer Stelle im Objekt

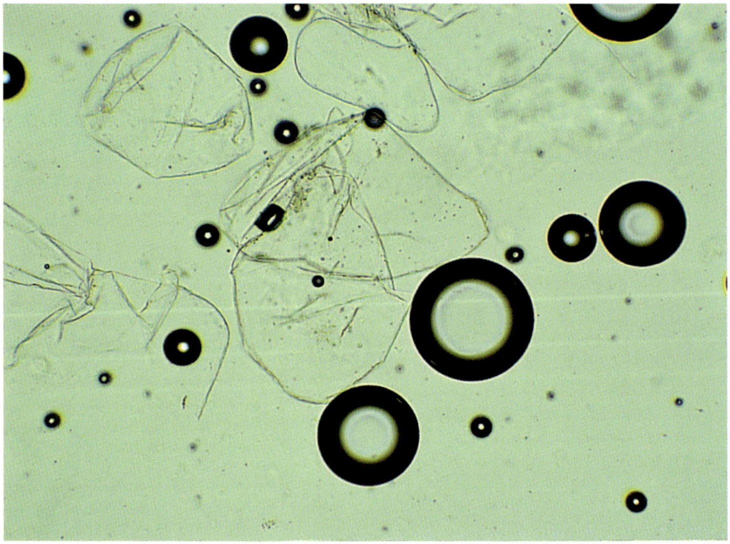

Im Präparat stören die breitrandig schwarzen Luftblasen.

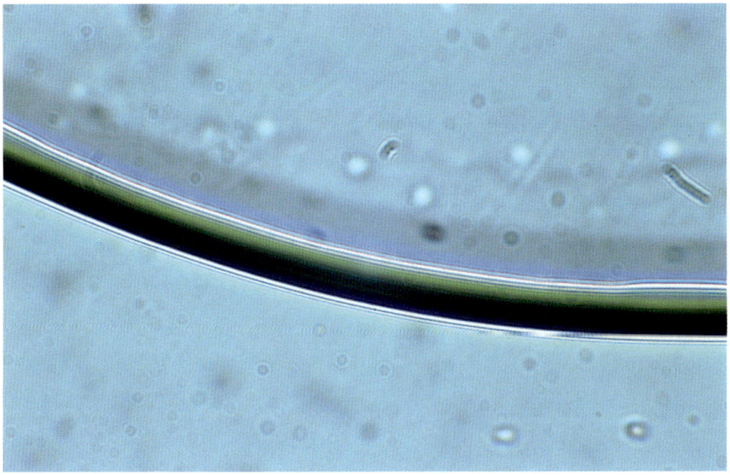

Luftblasen sind recht komplizierte optische Gebilde mit Brechungssäumen und Beugungsmustern.

liegen, die man genauer betrachten möchte. So wenig erwünscht größere oder kleinere Luftblasen im Objekt oder in seiner direkten Nachbarschaft sind, so interessant erscheinen sie als optische Gebilde. Je nach Geometrie der eingeschlossenen Luftblase können weitere, zum Teil recht komplizierte optische Ereignisse wie Beugung und Interferenz stattfinden. Von diesen durchaus faszinierenden Lichtspielen im Blasenrandbereich kann man sich einen ersten Eindruck verschaffen, wenn man ihn bei geschlossener Blende und stärkerer Vergrößerung mikroskopiert. Bei sehr kleinen Luftblasen bleibt oft nur ein winziger, heller Lichtpunkt im Zentrum erkennbar. Obwohl beide Komponenten des Präparates, Wasser und Luft, glasklare und durchsichtige Medien darstellen, grenzen sie sich mit einer breiten, dunklen, nahezu schwarzen Kontur gegeneinander ab.

Luftblasen sind unschön, aber für sich betrachtet tatsächlich faszinierend.

In einem Gewebe eingeschlossene Luftblasen sehen je nach Objektdicke hell- oder dunkelgrau aus und können echte Strukturen vortäuschen.

Klein, kleiner, wie klein?

Eine gute Handlupe kann bis etwa 15-fach vergrößern und liefert damit schon eine Menge Details vom betrachteten Gegenstand, die dem sogenannten unbewaffneten Auge verborgen bleiben, und dennoch behält man gleichzeitig die Originalgröße seines Objektes im Blick. Bis etwa 50-fach vergrößert das Binokular, auch Stereolupe oder Stereomikroskop genannt. Einer seiner Vorteil ist wiederum der recht nahtlose Anschluss an die real erlebbare Welt: Man legt ein Stück Rinde oder ein totes Insekt auf den Objekttisch und findet sich plötzlich in einer ungewohnt bizarren Landschaft wieder, ohne das Gefühl für das Ganze zu verlieren.

Nur bei der Arbeit am Lichtmikroskop ist selbst bei schwächster Vergrößerung schon der erste Bildeindruck gänzlich anders, weil er einen ungleich größeren Sprung über die Dimensionen hinweg mit sich bringt. Aber auch hier kann man sich vergleichsweise einfach ein Bild davon machen, in welcher Größenordnung man eigentlich unterwegs ist.

Die Größen des Kleinen

Die natürliche Auflösungsgrenze des menschlichen Auges liegt mit individuellen Schwankungen bei etwa 0,2 mm. Eine Strecke von 1 mm kann man sich noch recht gut vorstellen, denn sie entspricht einem Teilstrich auf dem Lineal oder Geodreieck. Bruchteile davon, die den Arbeitsbereich der Mikroskopie bilden, sind schon schwerer realisierbar, weil sie nicht mehr dem normalen Erfahrungsraum angehören. Das zunächst Unsichtbare ist daher auch gleichzeitig das Unanschauliche.

Die üblicherweise verwendete Einheit für das Messen und Vergleichen von Strecken ist die Größe Meter (m) oder deren Bruchteile (1 m = 100 cm = 1000 mm; 1 mm = 0,001 m oder 10^{-3} m). Für die praktische Arbeit ist es sinnvoll, unnötige Kommastellen ebenso zu vermeiden wie negative Exponentialangaben. Zur genauen Bezeichnung der Größenordnung, in der man sich gerade bewegt, verwenden Wissenschaft und Technik griechische Vorsilben, die in Stufen des Faktors 1000 (10^3) von astronomischen Reichweiten bis in die subatomaren Winkel der Materie reichen.

Leben in Bruchteilen von Millimetern

Die Zuständigkeit der Biologie erstreckt sich über mehrere Größenordnungen. Die winzige Etruskische Zwergspitzmaus, eines der kleinsten Säugetiere der Welt, ist gegen einen Einzeller immer noch ein Riese. Die mit dem Lichtmikroskop zugänglichen Strukturen beginnen bei den Bakterien und damit etwa bei einem Tausendstel Millimeter oder einem Mikrometer (mm, früher auch Mikron genannt). Die Umrechnung auf bekannte Streckenlängen ergibt für 1 µm = 10^{-3} mm = 10^{-6} m. Eine durchschnittliche pflanzliche oder tierische Zelle ist etwa 10 – 50 µm groß.

In der elektronenmikroskopischen Dimension ist selbst das Mikron (µm) eine zu grobe Messlatte. Daher misst man in der Feinstrukturforschung in Nanometer (nm), dem Tausendstel eines Mikrometer (µm; 1 nm = 10^{-3} mm, 1 µm = 10^{3} nm). Gelegentlich findet sich auch noch die ältere, nach einem schwedischen Physiker benannte Einheit Ångström; 1 Å entspricht 0,1 nm. Die lichtmikroskopisch gerade noch erkennbare Bakterienzelle von 1 µm Länge ist daher 10 000 Å groß.

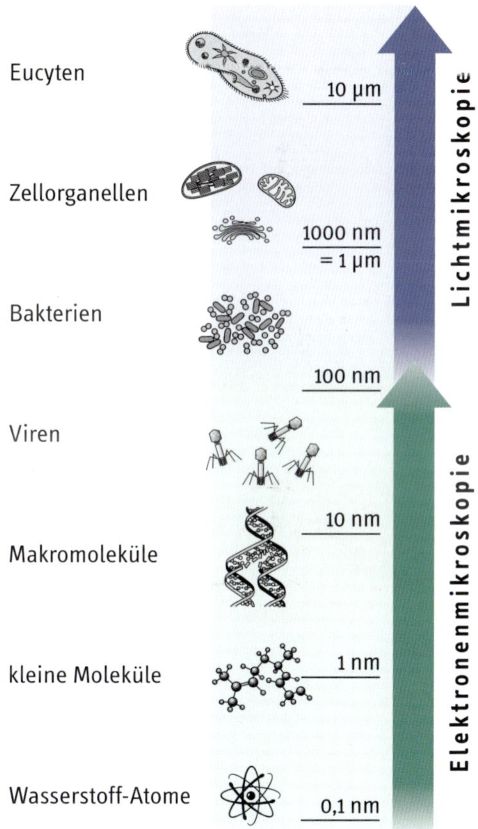

Die Mikroskopie überbrückt mehrere Größenordnungen. Die Arbeitsbereiche der Elektronen- und Lichtmikroskopie schließen lückenlos aneinander.

Das Maß aller Dinge

Wenn ein Profi wissen möchte, wie lang ein Pantoffeltier oder wie breit eine Schmetterlingsschuppe ist, verwendet er ein Okularmikrometer, das gegen ein Objektmikrometer geeicht wurde. Beide Hilfsmittel sind recht teuer, und deswegen verwenden wir hier eine preiswerte und fast ebenso zuverlässig funktionierende Alternative:

Messungen im Mikroskop mit Okular- und Objektmikrometer

- Man kopiert einen 5 cm-Linealausschnitt (Copyshop) auf genau 10 % verkleinert gleich zwei Mal nebeneinander auf gewöhnliche Overheadfolie und hat dann eine 0,5 cm lange Messstrecke mit 50 Teilstrichen.
- Dann schneidet man eines der verkleinerten Linealbilder auf der Folie als Scheibchen so aus, dass es im aufgeschraubten Okular auf die Ringblende passt.
- Das zweite verkleinerte Linealbild dient als Objektmikrometer. Man klebt es plan mit glasklarem Klebeband auf einen sauberen Objektträger.

Das Lupenobjektiv (3,5-fach oder wenig größer) schafft Übersicht.

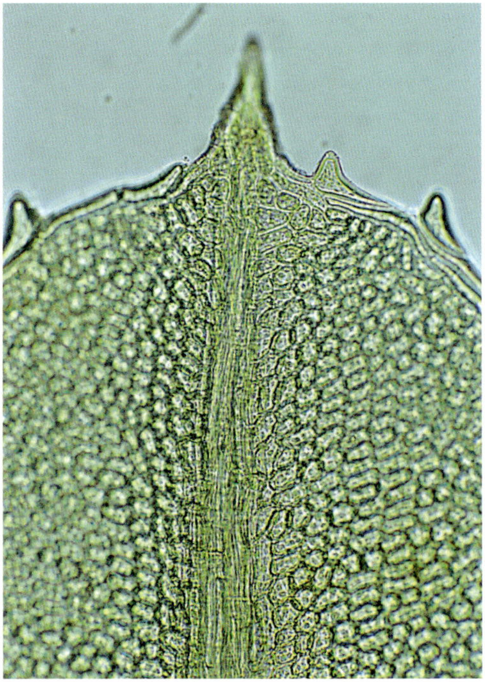

Mit dem 10er-Objektiv sieht man nur noch einen Teil des Moosblättchens.

- Nun betrachtet man beide im Mikroskop und stellt dann beispielsweise Folgendes fest: 10 Teilstriche auf dem Objektträger-Mikrometer (= Strecke von 1 mm = 1000 µm) sind bei Verwendung des 3,5-fach vergrößernden Objektivs fast genauso lang wie 25 Teilstriche im Messokular. Also entspricht 1 Teilstrich im Okular einer Originalstrecke von 40 µm.
- Betrachtet man nun beispielsweise die Zelle eines Moosblättchens und sieht, dass sie genauso lang ist wie der Abstand zwischen 2 Teilstrichen im Messokular, weiß man, dass sie tatsächlich rund 80 µm Länge misst.
- Auch für die übrigen beiden Objektive ermittelt man vergleichbare Umrechnungsfaktoren und hält sie in einer Tabelle im Beobachtungsbuch fest.

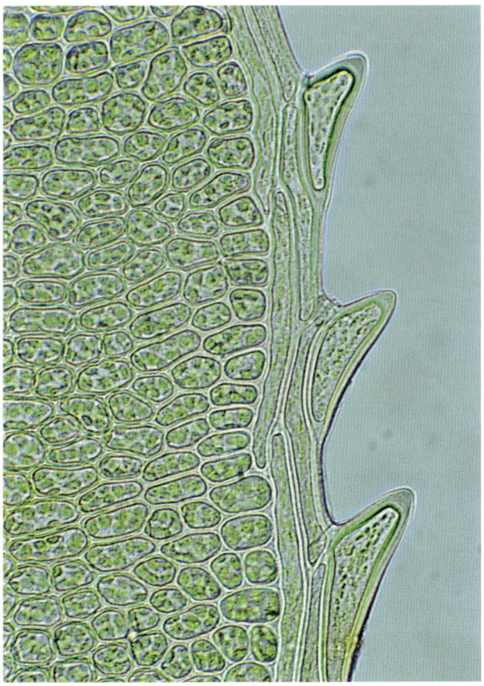

Das 20er-Objektiv zeigt nur noch kleinere Ausschnitte.

Mit einem 40er-Objektiv sind Einblicke in die Zelle möglich.

Für viele Zwecke ist es sinnvoll anzugeben, wie groß bei den verschiedenen Objektiven die Fläche des Gesichtsfeldes ist bzw. welche Fläche denn nun der vom Objekt erfasste Ausschnitt einnimmt. Die entsprechenden Zahlen gewinnt man leicht durch Berechnung der Kreisfläche unter Verwendung der jeweiligen Gesichtsfelddurchmesser in mm, die vom Messokular abzuleiten sind. Für ein durchschnittliches Schul- oder Kursmikroskop ergeben sich beispielsweise 8,5 mm^2, 1,53 mm^2 sowie rund 0,10 mm^2 bei Verwendung eines 3,5-, 10- bzw. 40-fach vergrößernden Objektivs in Kombination mit einem 10er-Okular. Mit solchen Maßzahlen kann man unter anderem berechnen, wie viele Zellen auf einen Quadratzentimeter eines bestimmten Objektes entfallen oder wie dicht die Spaltöffnungen eines Laubblattes verteilt sind.

Ein 100er-Objektiv zeigt sehr feine Einzelheiten.

Die andere Richtung

Die Dickenmessung von Objekten im Mikroskop ist im Prinzip sogar noch einfacher, da sie mit weniger Zusatztechnik auskommt:

- Mit einer Feinmechaniker-Schieblehre misst man möglichst exakt die Dicke eines Objektträgers (in mm oder µm).
- Dann markiert man dessen Oberseite im Objektbereich mit dem feinen Strich eines roten Filzschreibers, die Unterseite genau darunter mit einem blauen Strich.
- Nun wird ermittelt, wie viele Umdrehungen am Feintrieb erforderlich sind, um nacheinander die rote und die blaue Filzstiftmarkierung scharf zu sehen.
- Aus beiden Werten ist nun durch Dreisatz leicht zu ermitteln, welche Vertikaldistanz beispielsweise einer Drittel- oder Vierteldrehung am Feintrieb bei einer bestimmten Okular-/Objektiv-Kombination entspricht.

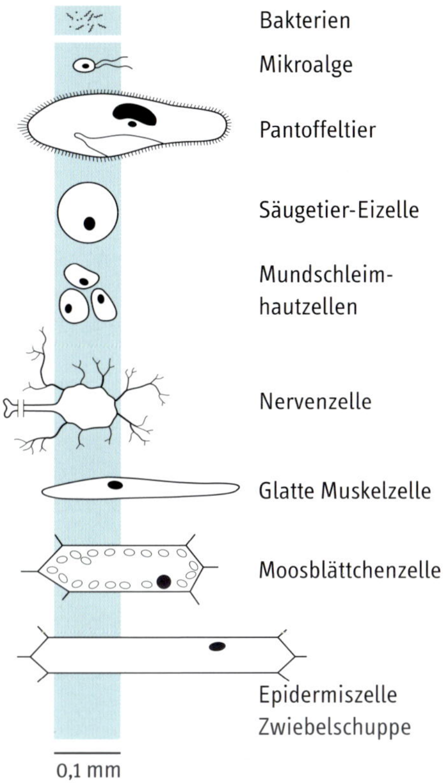

Ein Haar (Durchmesser ca. 0,1 mm) als Messlatte

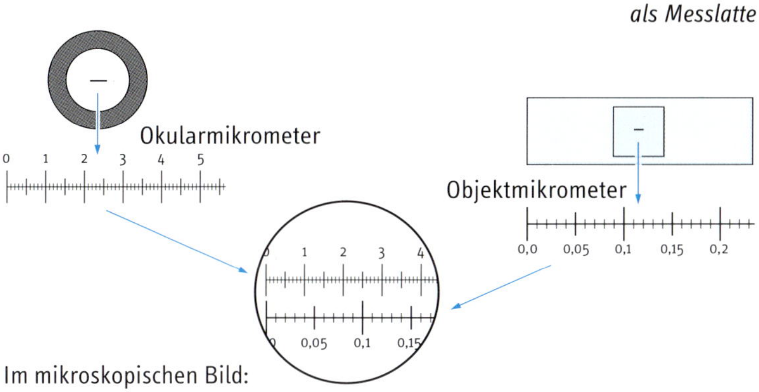

Im mikroskopischen Bild:
25 Teilstriche im Okularmikrometer entsprechen 0,1 mm im Objektmikrometer

Zum Messen im Mikroskop braucht man ein Objektmikrometer. Damit wird das Okularmikrometer geeicht. Anschließend kann man mit dessen Hilfe beliebige Strecken in den Objekten ausmessen.

Höhen und Tiefen

Die Familienfotos aus dem letzten Sommerurlaub vom Strand zeigen es deutlich: Die im Sand buddelnden Kinder im Bildvordergrund sind konturscharf dargestellt, aber auch das weit entfernte Segelboot am Horizont ist klar zu erkennen. Unter günstigen Lichtbedingungen fotografiert man Personen in der Landschaft eben mit kleinstmöglicher Blende und erhält dafür eine geradezu traumhafte Schärfentiefe (Tiefenschärfe).

Im Nahbereich wird die Sache dagegen schon schwieriger. Die erreichte Tiefenschärfe hängt auch hier direkt mit der gewählten Blende zusammen, aber der Schärfenbereich reicht nur noch über Zenti- oder sogar Millimeter. Im Mikroskop gestaltet sich die Abbildungsqualität sogar noch kritischer, denn die Optik kann selbst bei kleiner Aperturblende (Kondensorblende) nicht alle räumlichen Bereiche eines Objektes gleichzeitig scharf abbilden.

Grabenlandschaft aus Glas

Der scharfkantige Schraubendreher zieht auf dem Objektträger eine weißliche, schartige Spur – fertig ist ein erstaunlich ergiebiges Trockenpräparat (vgl. S. 28/29). Schon bei geringer Vergrößerung (Lupenobjektiv, 3,5fach oder vergleichbar) erweist sich die vermeintlich so simple Ritze als ein überaus komplex ausgestalteter Canyon, in dem es weder rechte Winkel noch gerade Kanten gibt: Überall, von den Talschultern bis zur Grabensohle, sind gestufte Scharten oder Vorsprünge ausgebrochen. Sie zeigen in ihrer chaotischen, unregelmäßigen Anordnung einen Formenschatz, wie er so bei der natürlichen Erosion von Eintalungen kaum auftritt. Insofern wirkt die Glascanyon-Landschaft unwirklich und fremdartig wie eine Filmkulisse aus dem PC.

Dennoch entnehmen wir der Glasschramme einige wichtige Sachverhalte: Wenn die Aperturblende ganz weit geöffnet ist, lässt die volle Beleuchtung die feinsten Randbrüche in der Scharte oder ihre genauere Begrenzung kaum erkennen, denn jeglicher Detailreichtum wird völlig überstrahlt. Mit dem Schließen der Aperturblende am Kondensor wird die eingestrahlte Lichtmenge gedrosselt, und damit verbessert sich die Abbildung auch der feineren Konturen beträchtlich. Gleichzeitig nimmt auch die Schärfentiefe zu. Erst bei weitgehend geschlossener Blende erkennt man kontrastreich das gesamte Feinrelief der Scharte.

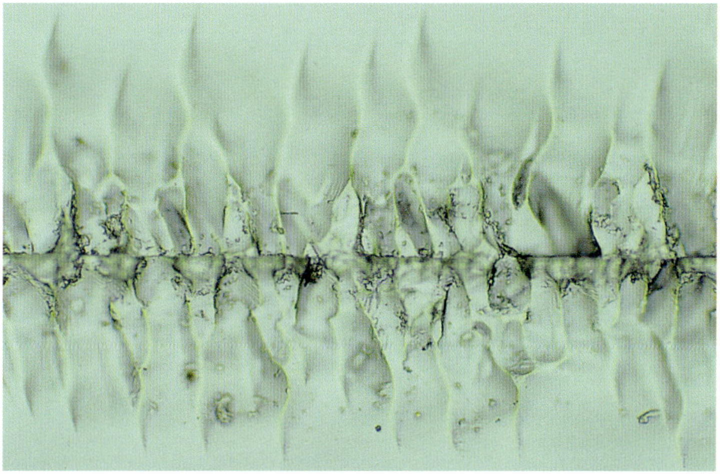

Die Kondensorblende ist zu weit geöffnet.

Um es gleich zu betonen: Die Aperturblende dient – obwohl sie die eingestrahlte Lichtmenge nachhaltig beeinflusst – nicht in erster Linie der Helligkeitsregulierung, sondern vor allem der Einstellung eines optimalen Kontrastes bei brauchbarer Tiefenschärfe.

Ein Teil vom Teil

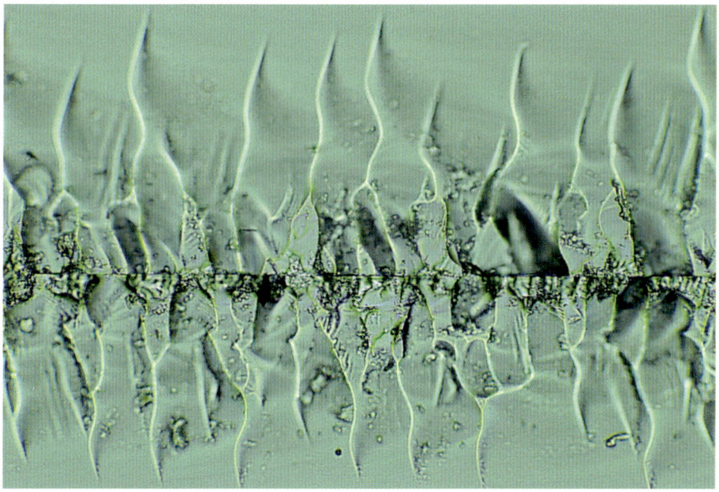

Erst beim Abblenden werden feinere Details der Glasschramme erkennbar.

Bei der Verwendung des Lupen- oder Suchobjektivs (3,5-fach) ist die Glasschramme zwar nicht in voller Länge, aber womöglich in ihrer gesamten Breite zu überblicken. Das ändert sich nun beim Umschalten auf die nächste Vergrößerung (10er-Objektiv), denn damit wird der dargestellte Ausschnitt aus dem Präparat kleiner, wie es bereits die Messung der Gesichtsfelddurchmesser ergeben hat (S. 44).

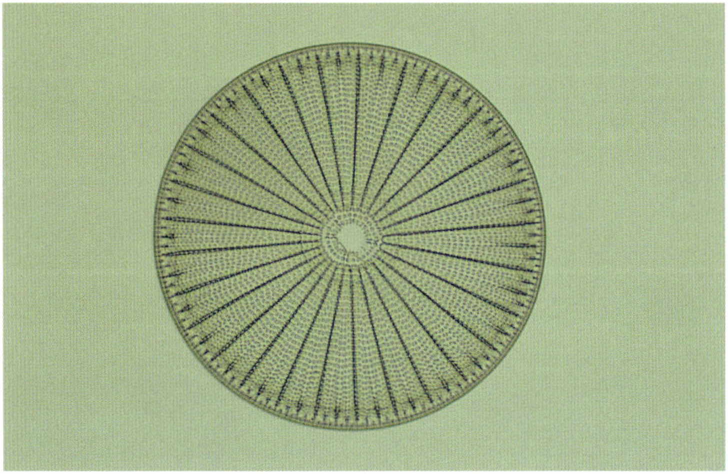

Zu viel Licht überstrahlt die feinen Schalenmuster der Kieselalge.

Je stärker ein Objektiv vergrößert, umso kleiner ist der davon erfasste Objektausschnitt. Dieser Sachverhalt zeigt sich auch, wenn man sich vergleichend die Durchmesser der verschiedenen Objektivfrontöffnungen anschaut.

Alles im Blick, aber nur eine Ebene ist wirklich scharf zu sehen.

Auch stärkeres Abblenden reicht jetzt nicht mehr aus, um alle Höhen und Tiefen des gläsernen Talzugs mit einem einzigen Blick vollständig zu erfassen – die Einzelheiten am Weg beim Abstieg zur Talsohle sind nur über das ständige Nachdrehen am Feintrieb zu sehen. Die planmäßige Verlagerung der Schärfeebene durch die verschiedenen Objektetagen nennen die Fachleute übrigens Fokussieren. Ein angenähert vollständiges Bild seines Objektes erhält man also nur, indem man ständig fokussiert; außerdem muss man auch die Objektbereiche außerhalb des Gesichtsfeldes betrachten.

Nach dem Übergang auf ein noch stärkeres Objektiv (40-fach) kann es durchaus vorkommen, dass man überhaupt keine scharfe Kontur mehr zu sehen bekommt. Dann wäre zu überprüfen, ob die Scharte auf dem Objektträger auch wirklich oben liegt, d.h. tatsächlich dem Objektiv zugewandt ist. Befindet sich die Schramme dagegen unten

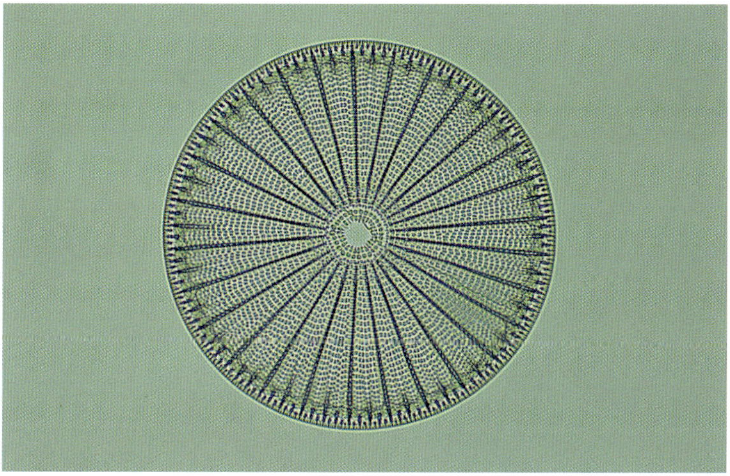

Nach Abblenden zeigt die Schale viel mehr Einzelheiten.

auf der Rückseite, wirkt der darüberliegende Objektträger wie ein viel zu massives, nämlich fast 1 mm dickes Deckglas, und dafür sind die Linsen der stärkeren Objektive nicht berechnet. Dieser Effekt erinnert an den Blick mit einem stärker vergrößernden Fernglas durch eine Fensterscheibe. Auch hier stört die zusätzliche Glasschicht, sodass nur unscharfe Bilder zustande kommen.

Nach Strich und Faden

Höhen und Tiefen erleben – mit dem Feintrieb

Die Erfahrung mit der Schramme auf dem Objektträger zeigt, dass die Optik des Mikroskopes selbst bei fast geschlossener Aperturblende nicht alle Ebenen eines dreidimensionalen Objektes gleichzeitig scharf abbilden kann. Nur das ständige Verlagern der Schärfeebene innerhalb des Objektes beim Fokussieren durch vorsichtiges Drehen am Feintrieb durchlotet die Höhen und Tiefen und erzeugt so ein Bild der räumlichen Beschaffenheit.

Aber was ist im Objekt nun oben und was unten? Ein weiteres ganz einfaches Präparat dient uns nun zum gezielten Training: Man schneidet je ein ca. 3 – 5 mm langes Stück blaue und rote Nähseide ab und fasert die fein verschlungenen Fäden durch vorsichtiges Zerzupfen mit der Präpariernadel leicht auf. Dann arrangiert man die so behandelten Stückchen kreuzweise übereinander in Wasser und legt ein Deckglas auf.

Ständiges Drehen am Feintrieb (= Fokussieren) lässt gleichsam die Räumlichkeit eines Objektes ertasten.

Beim Beobachten mit mittlerer und erst recht bei stärkerer Vergrößerung (10er- bzw. 40er-Objektiv) zeigt sich eindrucksvoll die Räumlichkeit des Fadenarrangements, das in seinen aufgefaserten Bereichen ganz viele Fadenkreuzungen aufweist. Wenn nun beim Scharfstellen durch langsames Anheben des Objekttisches (oder Senken des Tubus) mit dem Feintrieb zunächst der beispielsweise rote Seidenfaden scharf in den Blick tritt, während der blaue sich lediglich in verschwommenen Konturen abzeichnet, weiß man, dass die rote Nähseide oben liegt. Beim weiteren Anheben des Objekttisches mit dem Feintrieb verlagert sich innerhalb des Fadenkreuzes die Schärfeebene nach unten: Nun wird allmählich auch das blaue Fasergewirr scharf konturiert erkennbar, während der obere rote Fadenabschnitt zunehmend zur Unschärfe verschwimmt.

Die roten Fäden erscheinen beim Senken des Objekttischs zuerst scharf – sie liegen im Präparat also oben.

Drunter und drüber

Auf diese Weise gewinnt man letztlich doch noch ein räumliches Bild vom Objekt, obwohl im Gesichtsfeld jeweils nur eine Ebene wirklich scharf abgebildet wird. Den räumlichen Rest des Objektes, d.h. die darunter- und darüberliegenden Strukturen, sieht man dagegen nur als unscharf in die Schärfeebene projizierte Liniengefüge. Ein solcher Irrgarten kann sehr störend wirken und die Orientierung in den ohnehin fremdartigen Feinheiten erheblich erschweren, weil man Haupt- und Nebensachen kaum noch unterscheiden kann. Daher ist es enorm wichtig, seine Objekte immer möglichst dünn zu halten bzw. so herzurichten, dass das Gesamtbild nicht aus einem einzigen Linienchaos besteht. Wie man das hinbekommt, zeigen die folgenden Kapitel.

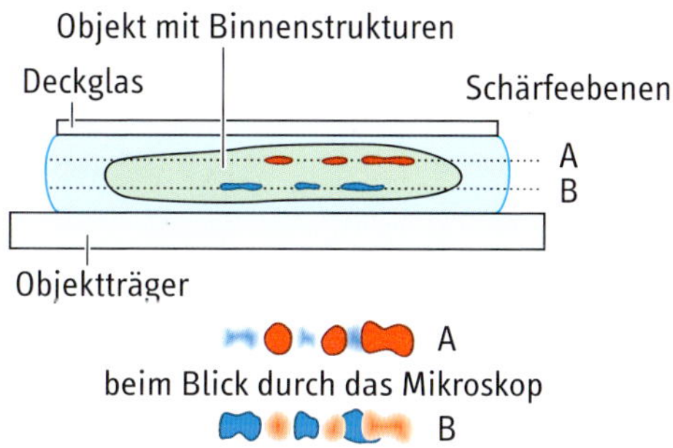

In einem dickeren Objekt liegt immer nur eine Ebene im Schärfebereich.

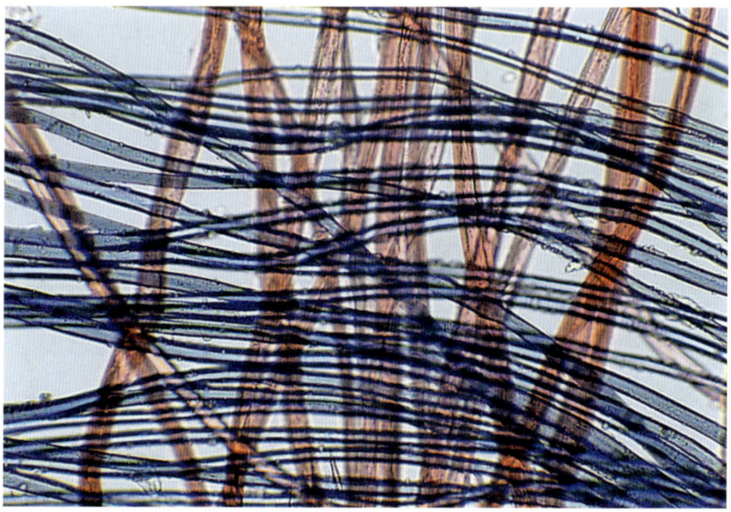

Noch weiteres Senken des Objekttisches zeigt nun die unten liegenden blauen Fäden konturscharf.

Alles fließt

Ein mikroskopisches Präparat besteht üblicherweise immer aus vier Teilen, von denen mindestens drei völlig und der vierte weitgehend transparent sein müssen: Über den Objektträger, das Deckglas und einige Anforderungen an das Objekt haben wir schon gesprochen. Jetzt wenden wir uns einmal kurz dem sogenannten Einbettungsmedium zu.

In Wasser gebettet

Während die auf den S. 28 und 46 als Trainingspräparat eingesetzte Glasschramme eines der seltenen Beispiele für sogenannte Trockenpräparate ist, die man so, wie sie sind, auf den Objekttisch legt und mikroskopiert, legt man seine Objekte in den meisten Fällen in Wasser und arbeitet also mit Nasspräparaten. Wasser dient, wie die Fachleute sich ausdrücken, als Einbettungsmedium. Seine Lichtbrechkraft (Brechzahl $n_D = 1{,}33$) ist so günstig, dass die zwischen Objektträger und Deckglas in einer flachen Minipfütze schwimmenden Objekte vom Beleuchtungsstrahlengang optimal durchstrahlt werden. Beim Fadenkreuzpräparat (S. 50) wurden die beiden Nähseidenabschnitte ausdrücklich in Wasser eingebettet, um auf dem hellen Bildhintergrund allseits in ihrer Eigenfarbe zu leuchten. Legt man sie stattdessen einfach in Luft, liefert das Mikroskop wie beim fernöstlichen Schattentheater lediglich unergiebige Umrissbilder, denen man meist nicht einmal einen Farbeindruck abgewinnen kann. Das hängt unter anderem mit der kleinen Brechzahl von Luft ($n_D = 1{,}0002$) zusammen.

Während man unter Einbetten das Einlegen eines Objektes in ein völlig durchsichtiges Untersuchungsmedium mit günstiger Brech-

Anfertigen eines Nasspräparates: nicht zu viel und nicht zu wenig Wasser

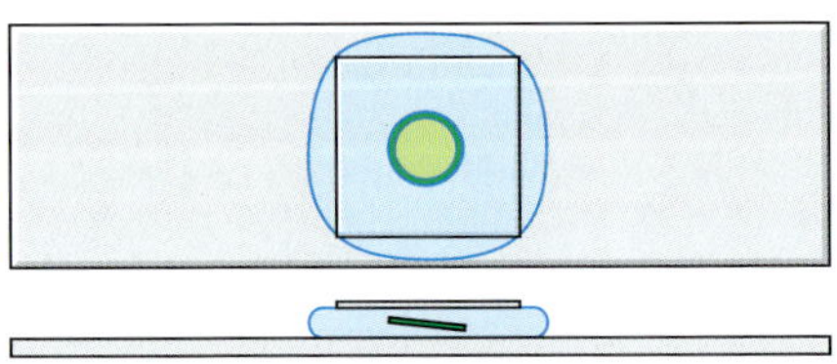

Zu viel Wasser: am Deckglasrand mit Filterpapier absaugen

zahl versteht, meinen die beiden Begriffe Einschließen oder Eindecken die Versiegelung fertiger und meist auch gefärbter Schnitte zum Dauerpräparat. Dabei benutzt man ein spezielles, nur anfangs noch flüssiges Medium, das in kurzer Zeit von selbst erstarrt. In einem späteren Kapitel werden wir diese Technik genauer kennenlernen.

Die richtige Dosierung

Ein gutes Nass- oder Frischpräparat mit Wasser als Untersuchungsmedium herzustellen, ist zwar nicht schwierig, aber man kann dennoch ein paar vermeidbare Fehler begehen, zum Beispiel den einbettenden Wassertropfen zu groß zu bemessen: Wenn das Deckglas auf dem Objektträger schwimmt oder auf seinem Wasserberg zu sehr in den Arbeitsraum der stärkeren Objektive ragt, wird die Beobachtung des betreffenden Präparates nur wenig Freude bereiten. Der Wechsel vom 10er- auf das 40er-Objektiv schiebt das Deckglas erbarmungslos weg, Wasser läuft über die Objektträgerkante und verbindet das Präparat adhäsiv mit dem Objekttisch, sodass auch der beste Kreuztisch nichts mehr ausrichtet – alles trieft. Um solches Ungemach zu vermeiden, verwendet man immer nur so viel Wasser, dass es nicht über die Deckglasränder hinausquillt. Überschüssiges Wasser saugt man mit einem Stückchen Filtrierpapier bzw. Papiertuchzipfel ab. Zusätzlich drückt man beim Absaugen mit der Spitze einer Präpariernadel ein wenig auf das Deckglas. Weil sich auch dieses bei fallendem Flüssigkeitspegel zunehmend an den Objektträger anschmiegt, bringt es das Objekt in Planlage.

Unbedingt vermeiden: Wasser auf dem Objekttisch setzt den Objektträger durch Adhäsion unverrückbar fest.

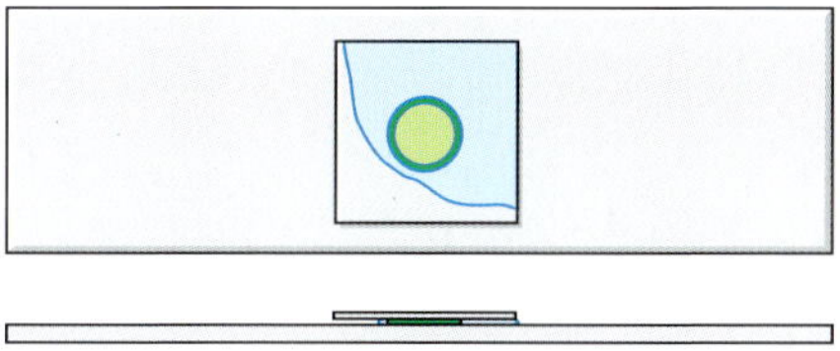

Zu wenig Wasser: am Deckglasrand mit Pipette zugeben

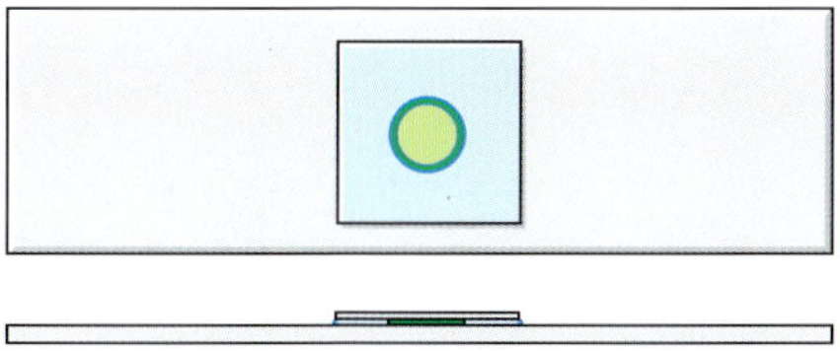

richtig bemessene Wassermenge

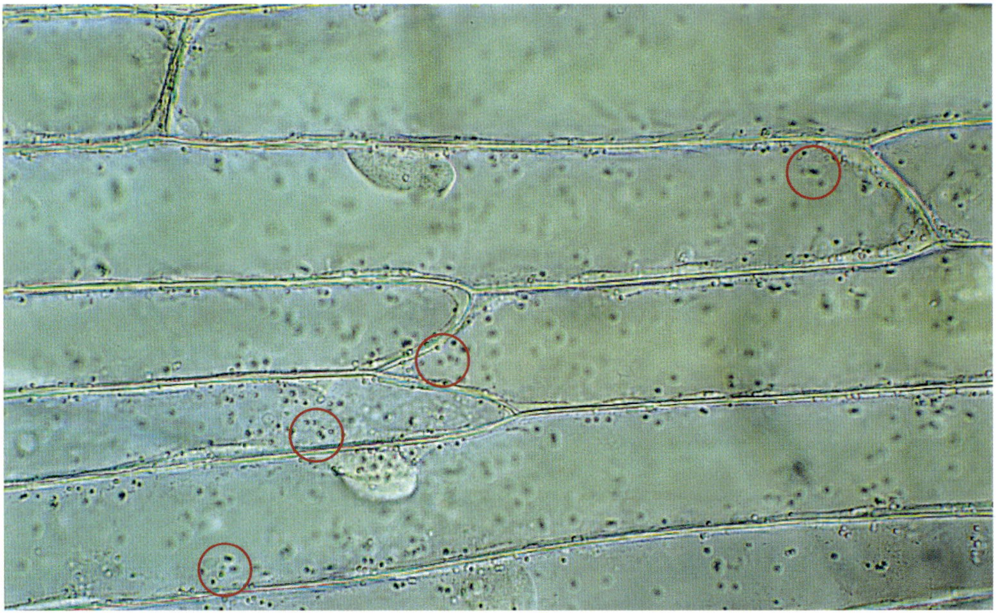

In der Zelle der Zwiebelschuppenepidermis sind außer dem Zellkern viele winzige körnige Bestandteile enthalten.

Rastloser Betrieb

Boden ist neben vielen organischen Bestandteilen eine höchst komplizierte Mischung aus mineralischen Partikeln aller möglichen Korngrößen. Davon machen wir uns jetzt einmal ein genaueres Bild: Ein kleineres Konfitürenglas füllt man etwa zu einem Drittel mit Wasser, gibt ungefähr einen Esslöffel krümeliger Gartenerde hinein, verschließt den Schraubdeckel dicht und schüttelt möglichst kräftig durch. Das Ergebnis ist eine schmutzigbraune Brühe, in der sich die gröberen Teilchen rasch absetzen, während die feinsten Kornfraktionen noch längere Zeit in der Schwebe bleiben. Von diesem Überstand gibt man eine Pipettenspitze voll auf einen Objektträger und legt ein Deckglas auf.

Das mikroskopische Bild erinnert an eine Zeitrafferaufnahme aus der Fußgängerzone am verkaufsoffenen Samstag: Mengen einzelner

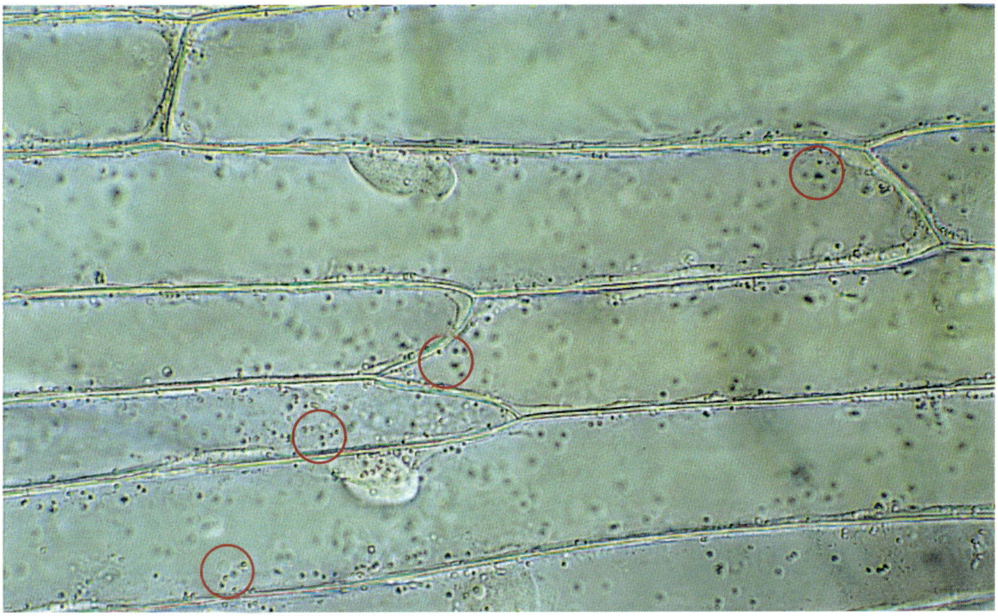
Wenige Sekunden später: Durch Brownsche Bewegung haben die kleinen Körperchen ihre Lage verändert.

Teilchen hasten fließend aneinander vorbei, größere Ströme verzweigen sich zu kleineren, größere Hindernisse werden umströmt. Einzelheiten sind in dieser Hektik so lange kaum zu erkennen, bis das Fließen einigermaßen zum Stillstand gekommen ist. Gänzlich aufhören wird es bei diesem Typ Nasspräparat meist nicht, denn an den Deckglasrändern verdunstet ständig Wasser und hält die Fließbewegung immer ein wenig in Gang.

Mit Zittern und Beben

In einem weitgehend beruhigten Bodenteilchenpräparat fällt bei genauem Hinsehen noch eine weitere Vibrationsbewegung der winzigen Partikeln auf: Auf kleinstem Raum tänzeln sie völlig ungeordnet entlang feiner Zickzacklinien durcheinander – es sieht fast so aus wie in einer völlig überfüllten Diskothek.

Dieses Teilchenhüpfen hat erstmals der schottische Botaniker Robert Brown (1773 – 1858) beobachtet. Im Sommer 1827 mikroskopierte er eine wässrige Aufschwemmung von Pollen einer Zierpflanze. Zu seinem Erstaunen stellte er fest, dass die Pollenkörner in seinem Präparat ständig in Bewegung sind und sozusagen ein wenig zittern. Er ging der Sache nach und untersuchte auch feine anorganische Substanzen, unter anderem den pulverisierten Granit von einer ägyptischen Sphinx aus dem Britischen Museum. In allen Proben fand er das eigenartige Teilchenzittern und deutete es als deren aktive Eigenbewegung. Viele weitere Mikroskopiker bestätigten seine Beobachtung. Das Phänomen nennt man seither Brownsche Bewegung.

Eine aktive Teilchenbewegung ist es nicht – vielmehr werden sie passiv bewegt. Diese überraschende Deutung gab erst der berühmte

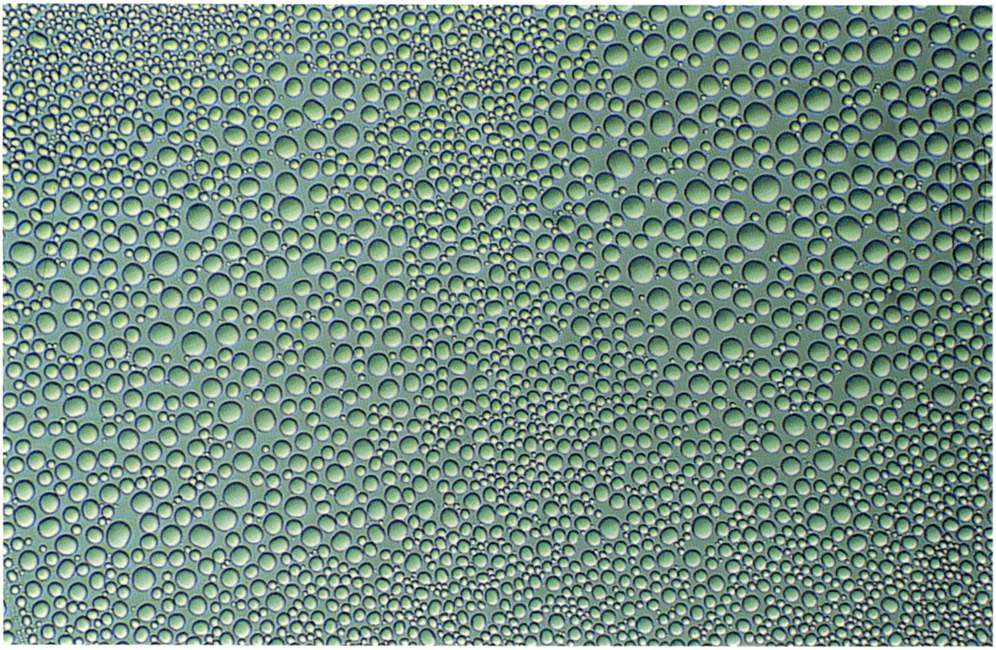

Angehaucht: Die winzigen Wassertröpfchen auf dem Objektträger verdampfen in wenigen Augenblicken.

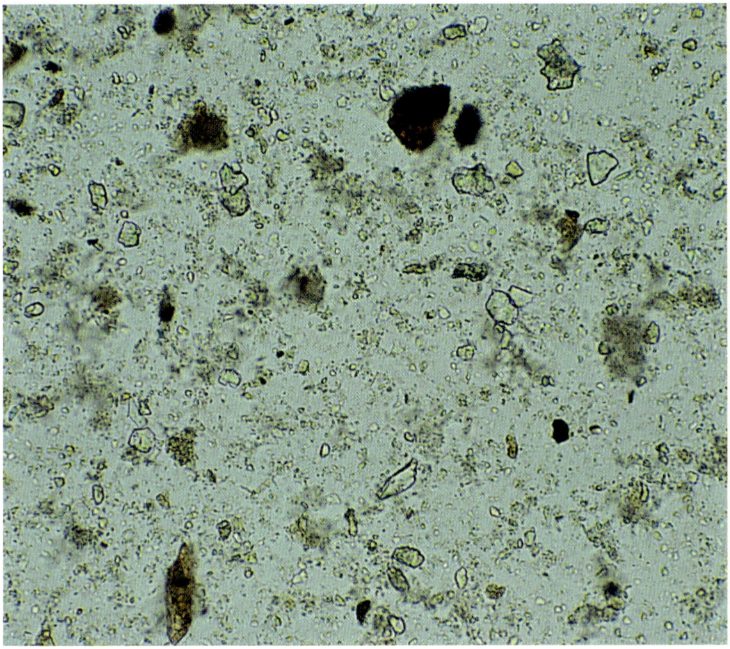

In einer Aufschwemmung feinster Bodenteilchen ist die Brownsche Bewegung gut zu sehen.

Thermodynamik zum Hinsehen: Wärmebedingte Tänzelbewegungen von Kleinstteilchen

ALBERT EINSTEIN. Danach geht die unablässige Zitterbewegung auf feinste, schlierenartige Dichteschwankungen in der Untersuchungsflüssigkeit zurück. Dagegen trifft die meist zu lesende und stark vereinfachende Erklärung nicht zu, wonach hier – bedingt durch die ständige Wärmebewegung der Wassermoleküle – eine Art Billard in kleinstem Maßstab abläuft. Wenn nämlich das ständige Anrempeln der Teilchen der Untersuchungsflüssigkeit die Ursache der Zitterpartie wäre, müsste sich auch ein starrer Betonklotz von Wohnhausgröße in eine bestimmte Richtung bewegen, wenn er allseitig von Tausenden Tennisbällen getroffen wird. Die beteiligten Vorgänge sind weitaus komplexerer Natur. Insofern ist auch die häufig verwendete Bezeichnung Brownsche Molekularbewegung nicht richtig, denn mit der Wärmebewegung der Wassermoleküle hat die Sache nichts oder nur sehr indirekt zu tun.

Schneiden, legen, färben

Nachdem wir ein paar grundsätzliche Dinge zum Aufbau des Mikroskopes und den Eigenschaften der mikroskopischen Abbildung erfahren haben, können wir uns nun verschiedenen genaueren Untersuchungen zuwenden und unser Umfeld erkunden – beispielsweise mit einer kleinen genaueren Umschau bei den Lebensmittelvorräten in der Küche. Auch dabei gibt es mancherlei Neues zur Präparationstechnik zu erlernen. Zuvor wäre aber noch etwas zum Thema Sauberkeit anzumerken.

Aktion klare Sicht

Verschmutzungen auf den Linsen des Mikroskops ergeben erwartungsgemäß getrübte Einsichten. Das Bild wird kontrastarm, und man erlebt die aufregenden Mikrolandschaften sozusagen nur im Nebel. Nur mit sauberen Frontlinsen (vgl. S. 27) an beiden Enden des Tubus sind brillante Bildeindrücke möglich.

Das Gleiche gilt natürlich auch für Objektträger und Deckgläser. Fast ist es unvermeidlich, dass man sie bei der Entnahme aus der Vorratsschachtel befingert und dabei mit verräterischen Spuren anreichert. Die Wirkung eines kräftigen Fingerabdrucks auf einer Glasfläche sollte man sich unbedingt einmal gesondert ansehen: Ein kräftiger, abrollender Druck mit dem Daumen auf einem einigermaßen sauberen Objektträger hinterlässt eine individuelle und schon mit bloßem Auge sichtbare Visitenkarte. Ganz anders zeigt sich der Fingerabdruck bei mittlerer Vergrößerung im Mikroskop: Scharen kleinster Tröpfchen und Serien von Schlieren liegen im Gesichtsfeld, eventuell sogar noch angereichert mit kleinen Schmutzpartikeln und sonstigen Mikroresten, die an den Fingern klebten.

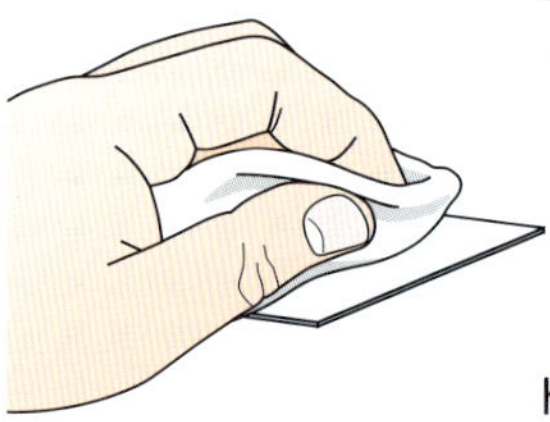

Damit nun wirklich alles klar wird, muss man die Objektträger ordentlich putzen. Für die meisten Präparate genügt die gründliche Reinigung in einem haushaltsüblichen Netzmittel (Spülmittel) oder mit einem Glasreiniger (auf der Basis von Isopropanol). Anschließend poliert man die Objektträger mit einem garantiert fusselfreien Tuch und fasst sie fortan nur noch seitlich an den Kanten an. Nach Gebrauch verfährt man damit ebenso.

Auch Deckgläser bekommt man auf diese Weise einigermaßen sauber, aber sie zersplittern leicht. Das saubere Deckglas fasst man beim Auflegen nur noch an den Rändern an und führt es im Winkel von etwa 45° an das Objekt heran. Dann senkt man es vorsichtig ab – etwaige noch im Objekt vorhandene Luftblasen haben so eine gute Chance, zur anderen Seite zu entweichen.

Die wahre Stärke der Pflanzen

Für unser erstes biologisches Präparat gehen wir folgendermaßen vor:

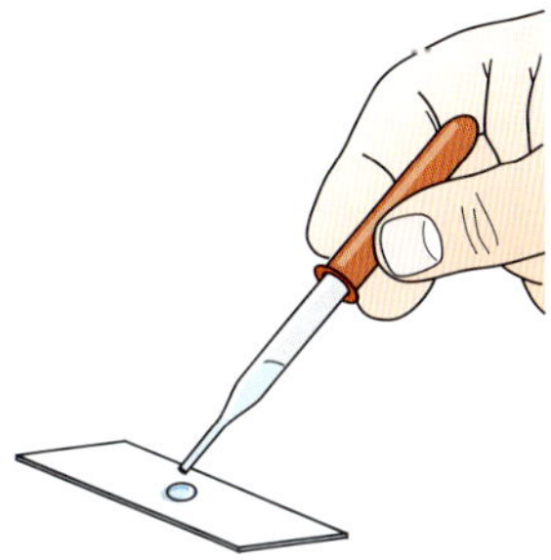

- Eine frische Kartoffelknolle mit dem Messer halbieren
- mit dem Skalpell etwas Flüssigkeit von der Schnittfläche schaben und diese
- auf einem sauberen Objektträger ausstreichen
- einen Tropfen Wasser zugeben und mit der Präpariernadel verrühren
- Deckglas auflegen: Deckglas mit einer Uhrfederpinzette seitlich im Winkel von etwa 45° ansetzen und langsam absenken – das vermeidet Turbulenzen, die sonst zur Bildung von Luftblasen führen
- Überschüssiges Wasser am Deckglasrand mit Filtrierpapier absaugen (S. 53)
- Präparat bei kleiner Vergrößerung betrachten (S. 24).

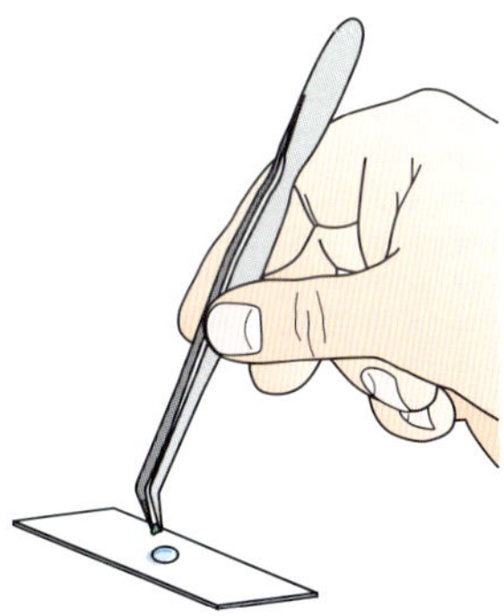

Im Mikroskop zeigen sich nach dem Scharfstellen zahlreiche Gebilde unterschiedlicher Größe, fast alle von überwiegend kartoffelförmigem, längsovalem Umriss. Es sind Stärkekörner,

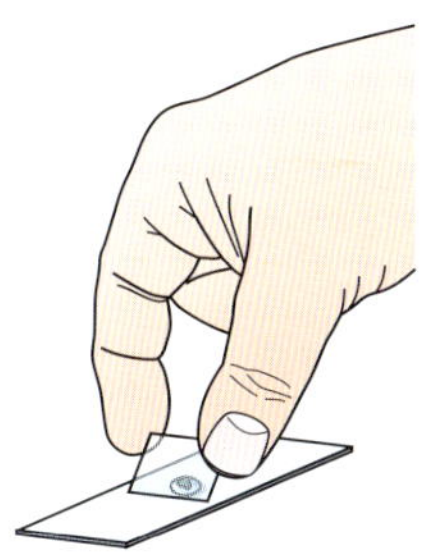

Das Deckglas setzt man zum Vermeiden von Luftblasen immer schräg – im Winkel von etwa 45° – auf und senkt es dann vorsichtig ab. Dabei fasst man es nur an den Kanten an. Man kann es auch mit einer feinen Pinzette oder unterstützt von einer Präpariernadel auf das Objekt im Wassertropfen absenken.

von den Fachleuten Amyloplasten genannt. Sie enthalten die pflanzliche Stärke, ein energiereiches Kohlenhydrat, das einen großen Teil unserer Nahrung ausmacht. Die Stärke entsteht durch Photosynthese in den grünen Organen der Pflanzen und wird anschließend in Reserveorgane verlagert, beispielsweise in Früchte, Teile der Sprossachse oder in unterirdische Knollen und Speicherwurzeln.

Beim Abblenden zeigt sich in den Amyloplasten eine charakteristische Streifung: Ausgehend von einem Wachstumszentrum werden die Stärkevorräte offenbar allseitig in mehreren Schichten abgelagert – die äußeren Zuwachsschichten sind die jüngsten und umhüllen jeweils die vorangehenden älteren. Diese Amyloplastenform ist im Pflanzenreich weit verbreitet und wird als Hüllentyp bzw. Hüllenstärkekorn bezeichnet. Die von innen nach außen aufeinander folgenden Zuwachsschichten weisen jeweils eigene Brechzahlen auf und sind deshalb gut unterscheidbar. Zunächst lagern sich die Stärkeschichten noch konzentrisch um den Startpunkt ab. Später beulen die Zuwachsschichten nach einer Seite stärker aus und ergeben so die charakteristisch kennzeichnende exzentrische Schichtung der Kartoffel-Amyloplasten.

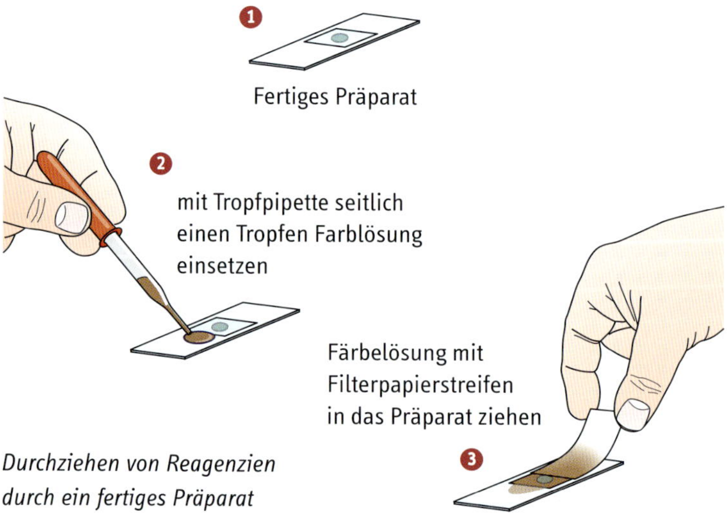

Durchziehen von Reagenzien durch ein fertiges Präparat

Das ziehen wir jetzt durch

Die Stärkenatur der in den Amyloplasten gespeicherten Nährstoffvorräte lässt sich mit einer eindrucksvollen Farbreaktion nachweisen: Mit etwas Lugolscher Lösung (oder Jodtinktur) bildet Stärke einen violettblauen bis tiefschwarzen Farbkomplex. Für diesen chemischen Nachweis verfährt man nach den folgenden Schritten:

- mit der Tropfpipette einen Tropfen Lugolsche Lösung neben die Deckglaskante setzen und mit einem Tropfen Wasser verdünnen
- verdünntes Reagenz mit einem Glasstab oder einer Präpariernadel direkt an die Deckglaskante ziehen
- auf der gegenüberliegenden Deckglasseite einen Filtrierpapierstreifen (5 x 1 cm) mit der kurzen Schnittkante ansetzen und das Wasser aus dem Präparat herausziehen: von der anderen Seite tritt jetzt das Reagenz an das Objekt.
- Kontakt der Metallteile und der Optik des Mikroskops mit den Reagenzien unbedingt vermeiden!

Nur kleine Mengen Reagenz verwenden – sonst wird das Präparat überfärbt.

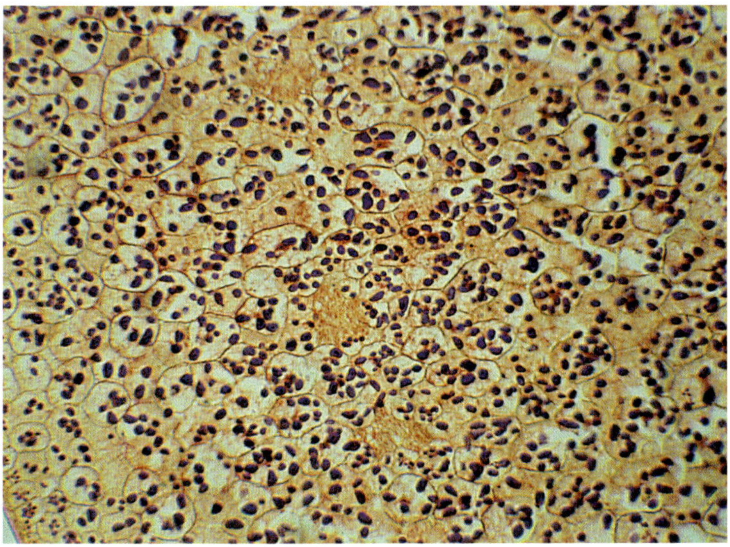

Stärkekörner in einer Feuerbohne

Erstaunliche Formenvielfalt

Ähnlich wie die Kartoffel kann man auch andere Lebensmittel auf ihre Stärkekörner überprüfen, beispielsweise den Inhalt der verschiedenen Mehltüten im Küchenschrank. Bei den Brotgetreiden wie Weizen und Roggen sind die Amyloplasten immer konzentrisch. Wie sehen denn im Vergleich dazu die Stärkekörner aus Mais (Mondamin) oder aus den Hülsenfrüchten (Bohne, Erbse, Linse) aus? Diese Samen lässt man in Wasser ein paar Stunden lang quellen, halbiert sie mit dem Skalpell und entnimmt mit der Präpariernadel ein wenig Material von der Schnittfläche (Nährgewebe).

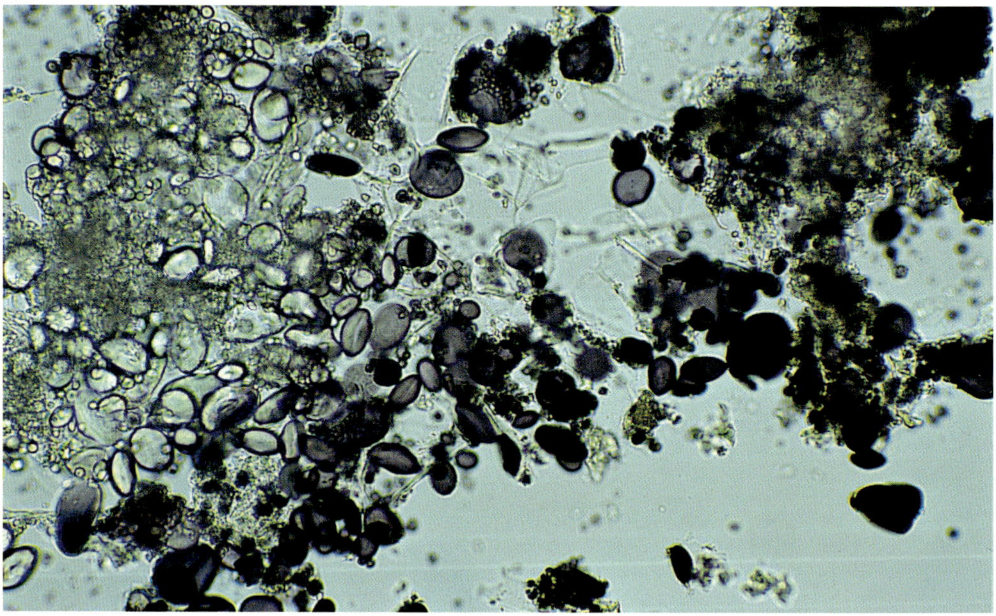

Weizen-Vollkornmehl: Stärkekörner im Übergang von Ungefärbt bis Blauschwarz

Schon bei der Kartoffelknolle finden sich nicht nur einzelne Stärkekörner, sondern nicht selten auch Zwillings- oder Drillingsbildungen. Aus zahlreichen, in Einzelfällen bis zu mehreren hundert oder gar tausend Teilkörnern bestehen die Amyloplasten im Nährgewebe

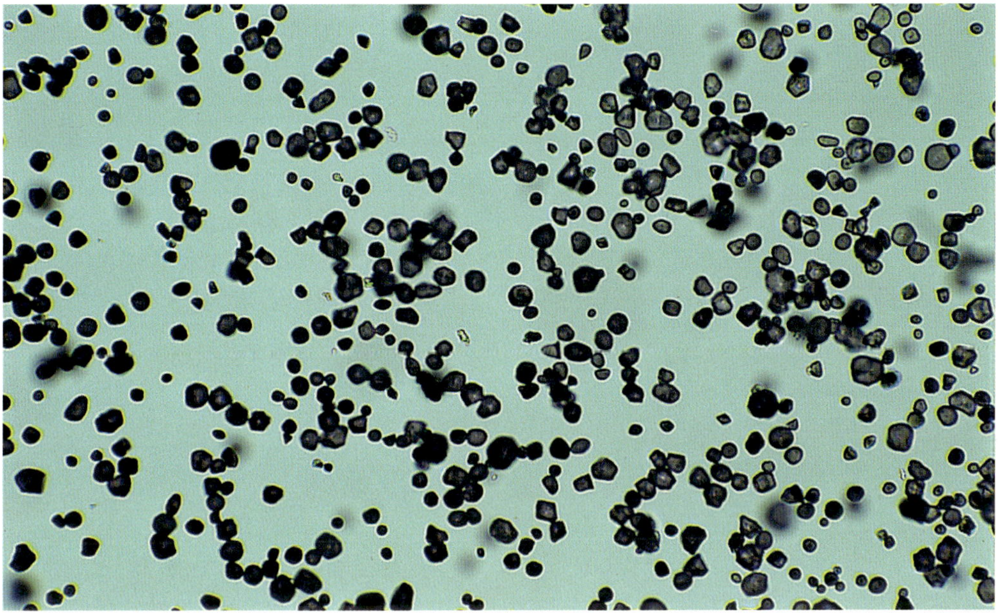

Maismehl besteht aus vielen kleinen und kantigen Stärkekörnern.

der Früchte von Hafer, Reis und verschiedenen Wildgräsern. Recht ungewöhnlich sind auch die hantel- bis knochenförmigen Amyloplasten im Milchsaft vieler Wolfsmilch-Arten. Hier genügt zur Untersuchung ein Tropfen Milchsaft aus einem abgetrennten Blatt, den man mit verdünnter Lugolscher Lösung versetzt. Die eigenartigen Hantel-Amyloplasten fallen dann im Gewühl der winzigen Milchsaftkügelchen sofort auf.

→ Attacke mit Amylasen

Stärke ist ein wesentlicher Nahrungsbestandteil. Ihre Verdauung beginnt bereits durch die Enzyme (Amylasen) des Mundspeichels. Einfach eine winzige Mehlprobe auf dem Objektträger mit etwas Speichel versetzen, mit Deckglas abdecken und zusehen, wie die Amyloplasten abgebaut werden.

Kleinigkeiten aus Pflanzengewebe

Der Griff in die Mehltüte oder ein wenig Geschabsel von der Kartoffelknolle (S. 59) liefert als Ansichtssachen für die mikroskopische Untersuchung lediglich Zelltrümmer und die aus ehemals funktionierenden Zellen frei gesetzten Zellbestandteile, darunter vor allem die formschönen Stärkekörner. Mit wenigen einfachen Arbeitsschritten lassen sich aber auch recht eindrucksvolle geschlossene und vollständige Zellen darstellen. Wir wählen dazu als ersten Zugang die Quetschmethode.

Einfach platt machen

Ein Stück vom grünen Blatt oder eine Scheibe Schinken auf den Objektträger zu legen, bringt keine Information. Mikroskopie befasst sich mit kleinen bis äußerst kleinen Dingen, und so müssen eben auch die Objekte vor ihrer mikroskopischen Untersuchung zunächst in extrem dünne Scheibchen zerlegt werden. Ein paar Seiten weiter werden wir dazu verschiedene Schneidetechniken kennenlernen und einüben. In günstigen Fällen ist das Untersuchungsmaterial aber von Natur aus so weich und nachgiebig, dass es sich mit der Präpariernadel ganz leicht in winzigste Kleinstportionen zerfasern lässt. Solche Miniportionen breitet man zwischen Objektträger und Deckglas in einer möglichst dünnen Lage so aus, dass man das Präparat nach dem Auflegen des Deckglases vorsichtig quetscht: Rückseite der Präpariernadel oder eines Bleistiftes auf das Deckglas aufsetzen, behutsam auf die Stelle direkt über der eingeschlossenen Probe drücken und nach dem Auseinanderweichen eventuell noch ein wenig nachklopfen. Mit der Zeit gewinnt man auch ein Gefühl dafür, was man einem Deckglas an mechanischer Belastung eigentlich zumuten darf, ohne dass es unter dem wachsenden Druck zersplittert.

Alles Banane

Bestens geeignet zum Erlernen der auch in der wissenschaftlichen Mikroskopie durchaus üblichen und verbreiteten Quetschmethode ist das Fruchtfleisch der Banane. Mit der Präpariernadel entnimmt man aus der geöffneten Frucht eine wirklich nur ganz winzige

Menge vom weißlichen Fruchtfleisch und streicht diese in einem Tropfen Wasser auf dem sauberen Objektträger flach aus. Dadurch werden die Fruchtfleischzellen schon ein wenig verteilt und hängen nicht mehr in dicken Klumpen aufeinander. Der sanfte Druck auf das aufgelegte Deckglas lässt sie dann vollends auseinanderweichen.

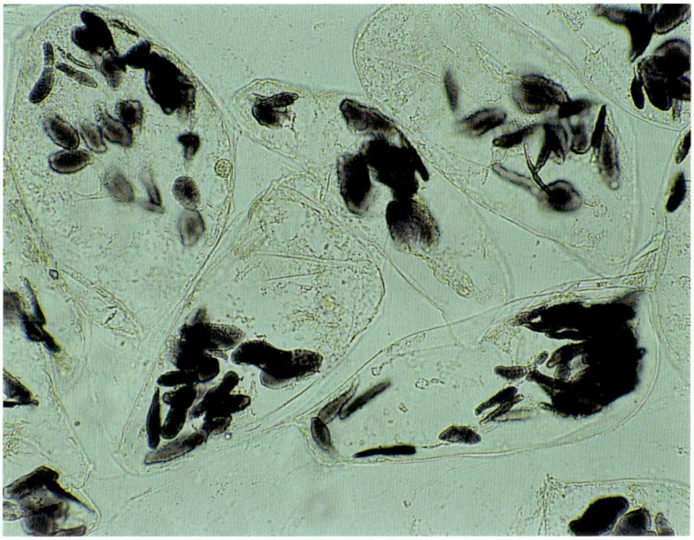

Wenn Lugolsche Lösung unverdünnt auf die Fruchtfleischzellen der Banane einwirkt, werden die Amyloplasten fast schwarz. Dafür färben sich jetzt auch die Reste des Zellplasmas gelblich.

Schon bei schwacher Vergrößerung ist zu erkennen, dass das Fruchtfleisch der Banane aus zahlreichen länglichen Zellen besteht. In den Zellen sind Mengen relativ großer Einschlüsse enthalten, die beim Betrachten mit weit geöffneter Aperturblende besonders hell aufleuchten bzw. stark Licht brechende Säume aufweisen: Es sind die Amyloplasten, denn auch die Banane ist eine Stärke speichernde Frucht. Nach dem Abblenden und bei etwas stärkerer Vergrößerung sieht man wiederum die feine Streifung dieser Zellbestandteile, die auf die nacheinander abgelagerten Zuwachsbanden zurückgeht. Durchziehen von verdünnter Lugolscher Lösung (S. 61) weist die Stärkenatur der Amyloplasten nach. Untersucht man zum Vergleich einmal das Fruchtfleisch einer sehr reifen und fast schon zerfließenden Banane, wird man in dessen Zellen kaum noch Amyloplasten finden: Ihre Stärkevorräte sind längst zu Zucker abgebaut, und anschließend verschwinden auch die Stärkelager selbst.

Wendet man die Lugolsche Lösung unverdünnt an, erscheinen alle Stärkekörner tiefschwarz und lassen überhaupt kein Streifenmuster mehr erkennen. Dafür sieht man jetzt in den Zellen gelblich gefärbte Bereiche von unregelmäßiger Form. Es sind Fetzen des Zellplasmas, das zu großen Teilen aus Eiweißverbindungen (= Proteine) besteht. Mit der Lugolschen Lösung lässt sich in Zellen bzw. Geweben also auch ein cyto- oder histochemischer Nachweis für diese wichtige Naturstoffgruppe führen.

Warum junge Früchtchen erröten

Die überaus einfache Bananen-Quetschtechnik eignet sich bestens auch zur mikroskopischen Untersuchung ganz anderer Pflanzengewebe. Als besonders hübsches Objekt bietet sich beispielsweise das weiche Fruchtfleisch einer reifen Hagebutte an, besonders solche von der Kartoffel-Rose, die es in fast jedem Ziergarten gibt. Die Präpariernadel entführt eine kleine Probe auf den Objektträger in einen Tropfen Wasser, und sanfter Druck von oben breitet die Zellen als dünnen Film aus. Bei geringer bis mittlerer Vergrößerung zeigen sich große, ballonförmige, dünnwandige Zellen mit zahlreichen orangeroten Körperchen von spindel- bis sichelförmigem Umriss. Diese Zelleinschlüsse nennt man Chromoplasten.

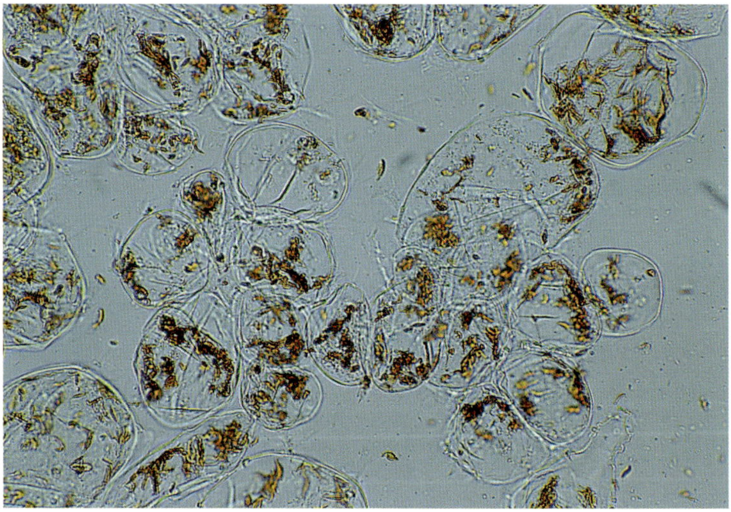

Fruchtfleischzellen der Hagebutte mit Chromoplasten

Auf sie geht die Reifefärbung der Hagebutte zurück. Obwohl alle Fruchtfleischzellen viele Chromoplasten enthalten, sind sie damit keineswegs vollgestopft. Dennoch genügen sie, die Hagebutte intensiv rotorange erscheinen zu lassen.

Ähnliches lässt sich auch nach der Untersuchung von roter Paprika oder Tomate feststellen. Bei anderen Früchten, die man auf die gleiche Weise präpariert wie beispielsweise die Beeren vom Ligusterstrauch oder die Steinfrüchte von Schlehe und Schwarzem Holunder, sitzt die Farbe dagegen nicht in speziellen Chromoplasten, sondern in einem großen Farbbehälter, der Vakuole, die den größten Teil der Zelle ausfüllt.

Die Zellsafträume (Vakuolen) enthalten die Farbe nicht strukturgebunden wie die Plastiden, sondern in Wasser gelöst.

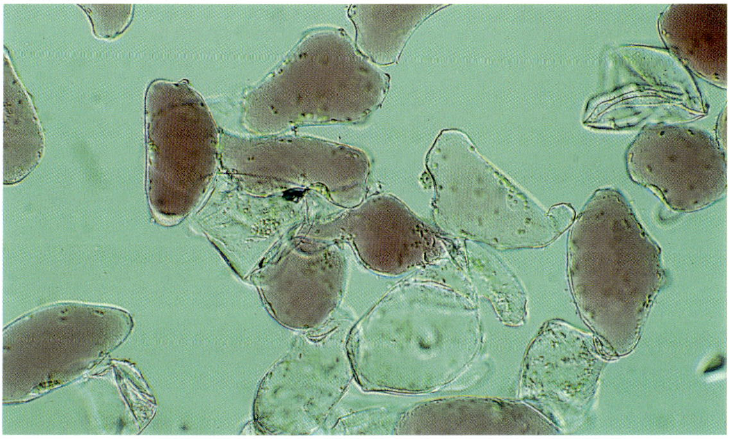

Fruchtfleischzellen einer Ligusterbeere

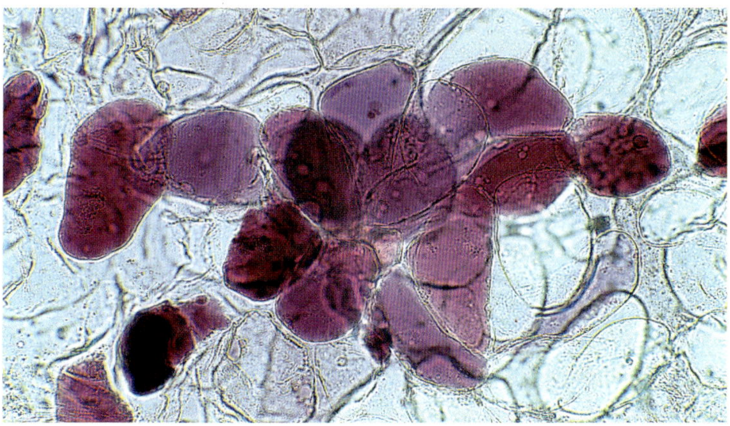

Fruchtfleischzellen einer Faulbaum-Steinfrucht

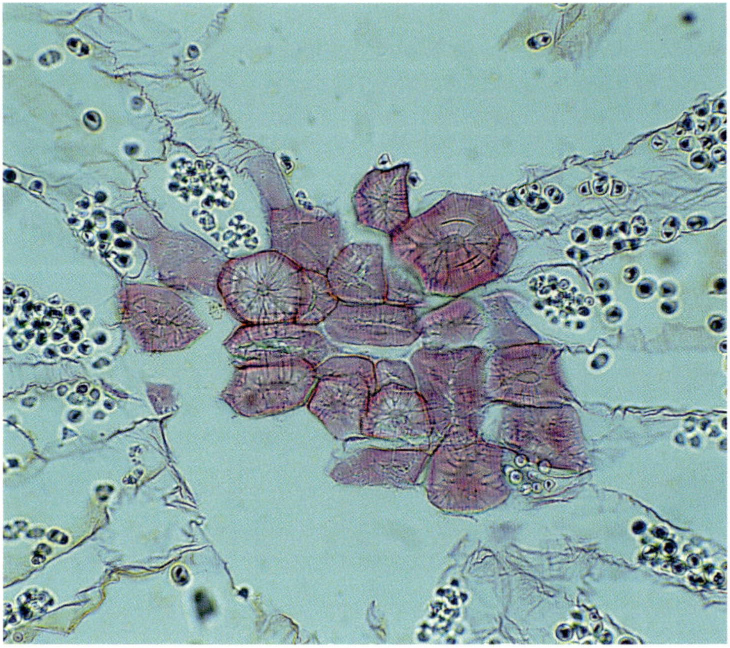

Steinzellennest aus dem Fruchtfleisch der Birne

Plastiden kommen grundsätzlich nur in Pflanzenzellen vor.

Die schon bekannten Amyloplasten aus den Reserveorganen und die Chromoplasten, die auch in gelben Blütenblättern vorkommen, bilden zusammen eine Gruppe von Zellbestandteilen, die man unter dem Begriff Plastiden zusammenfasst. Es gibt bei den Pflanzen noch ein paar weitere interessante Plastiden-Sorten, mit denen wir uns in späteren Kapiteln befassen.

Zarte Zellen

Viele Früchte fühlen sich zwar fest an, zeigen aber nach Öffnen der straff gespannten Fruchthaut ein überaus weiches Innenleben. Weil sich während des Reifevorgangs die innersten Schichten der Zellwände auflösen, verliert ein Großteil der Fruchtfleischzellen den dauerhaften Zusammenhalt – man sagt ja auch, dass die betreffenden Früchte „mehlig“ werden. In diesem Zustand lassen sich die

Einzelzellen im Zupf- bzw. Quetschpräparat sehr leicht voneinander isolieren. Außer den schon benannten Fruchtpräparaten ist das Zellinnere besonders schön an den Fruchtfleischzellen der Schneebeere zu beobachten. Mit einer spitzen Pinzette hebt man ein Stück der cremeweißen, leicht lederigen Fruchthaut ab, entnimmt mit der Präpariernadel eine winzige Portion des schalennahen Gewebes und streicht diese in Wasser aus. Nach dem Auflegen des Deckglases weichen die Zellen meist schon ohne zusätzlichen Druck auseinander. Beim Abblenden erkennt man mehrere schmale Plasmastränge, die den Zellbinnenraum durchziehen und oft in Bewegung sind: In vielen Zellen kreist das lebendige Plasma auf vorgezeichneten Bahnen (vgl. Kapitel 11). Bei seinen Fließbewegungen reißt das völlig durchsichtige Zellplasma zahlreiche kleine körnige Plasmabestandteile mit sich, die farblose Plastiden (in diesem Fall Leukoplasten genannt) darstellen. Am Treffpunkt der Plasmastränge befindet sich gewöhnlich der klar erkennbare Zellkern, in dem meist 1 – 2 Kernkörperchen zu sehen sind.

Durch Plasmaströmung verteilt und durchmischt die Zelle ihren gesamten Stoffbestand und verhindert damit Konzentrationsgefälle.

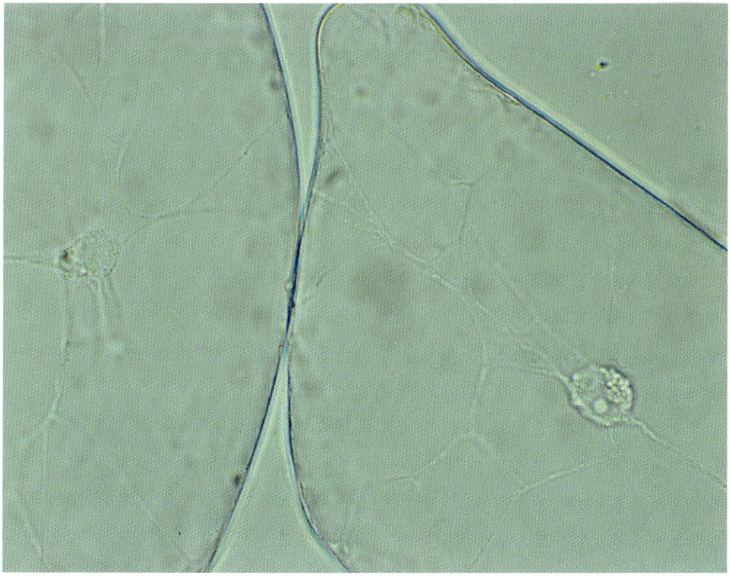

Zellen aus dem Fruchtfleisch einer Schneebeere mit Plasmasträngen

Viele Früchte, wie wir sie vorhin (S. 64–69) untersucht haben, werden im Zustand fortgeschrittener Reife „mehlig" – ihre Zellen lösen sich leicht voneinander und lassen sich deshalb so gut durch Quetschtechnik vereinzeln. Mindestens so aufschlussreich ist aber auch die Beobachtung von Zellen im Zusammenhang, der wir uns im folgenden Schritt zuwenden.

Der Zwiebel auf die Pelle rücken

Die gewöhnliche Küchenzwiebel ist eine besondere unterirdische Speichereinrichtung. In den dicken, dicht gepackten Schuppenblättern finden sich zwar keine Stärkereserven in Amyloplasten eingelagert wie bei der Kartoffelknolle, sondern außer den scharfen, zu Tränen reizenden Geschmacksstoffen allerhand weitere Stoffvorräte. Mit den folgenden Handgriffen verarbeiten wir Teile der Zwiebel zu einem eindrucksvollen Präparat:

- Gewöhnliche Zwiebel längs durchschneiden und einige der gewölbten Schuppenblätter aus dem festen Schuppenverband lösen
- Von der Oberseite (eingewölbten Innenseite) eines noch in der Zwiebel steckenden Schuppenblattes das feine, durchsichtige Häutchen abheben und auf einem Objektträger ausbreiten

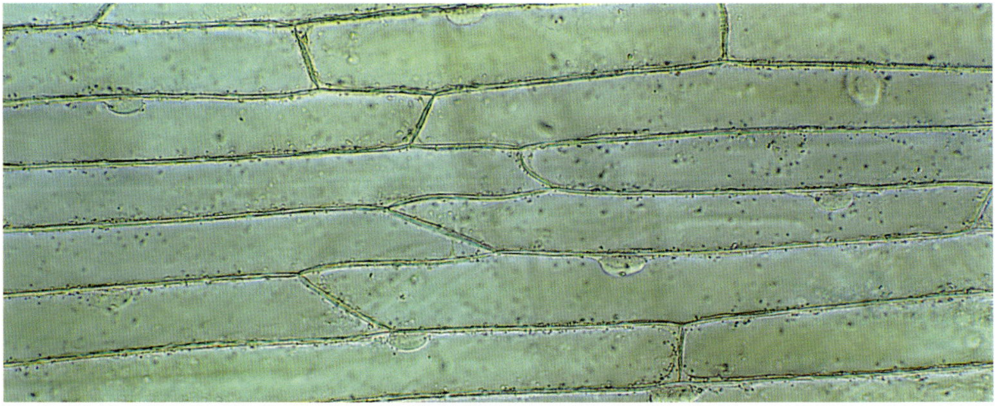

Zellen des Zwiebelhäutchens (Schuppenblatt-Epidermis) ungefärbt

- Davon ein etwa 5 x 5 mm großes Stück herausschneiden und möglichst eben und ohne randliche Überlappungen in Wasser legen und ein Deckglas auflegen
- Etwaige störende Luftblasen durch leichten Druck auf das Deckglas austreiben
- Alternativ eine rotschalige Zwiebel längs halbieren und hier ein dünnes Häutchen von der gerundeten Außenseite (Unterseite!) eines Schuppenblattes entnehmen – dieses Häutchen löst sich nicht allzu bereitwillig von selbst ab; man zieht es daher mithilfe einer spitzen Pinzette in kleinen Portionen ab und verfährt weiter wie oben.

Das abziehbare Häutchen ist ein Abschlussgewebe und heißt daher Epidermis.

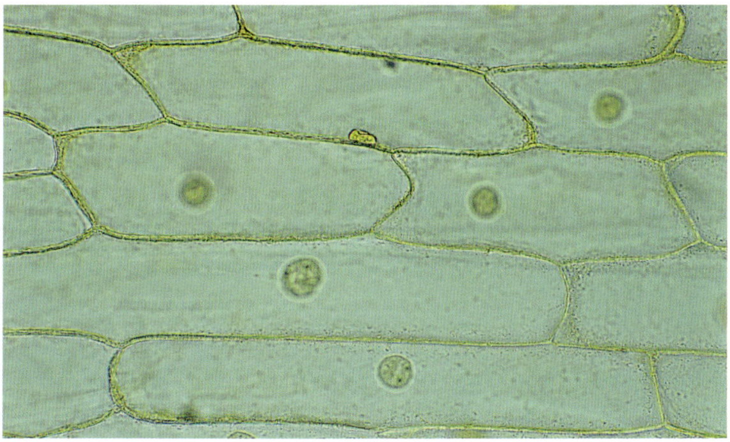

Zwiebelhäutchen: Zellkerne in Flächen- und Kantenansicht (gefärbt)

Hautnah und näher

Das sogenannte Zwiebelhäutchen, ein Klassiker unter den mikroskopischen Untersuchungsobjekten, gehört zum Abschlussgewebe des Schuppenblattes und dient der Abgrenzung nach außen. Ein solches Gewebe bezeichnet man auch als Epidermis.

Der betrachtete Epidermisausschnitt besteht aus zahlreichen, eng zusammenhängenden Zellen, die in Längsrichtung der Schuppenblätter gestreckt sind und meist spitzwinklig zulaufen. Damit sehen sie ein wenig aus wie stark auseinandergezogene Sechsecke. Die Grenzen jeder einzelnen Epidermiszelle bildet eine allseitig geschlossene dickere Kontur, die man bei stärkerer Vergrößerung auf beiden Seiten mit je einer feinen Linie begrenzt sieht. Als besonders wichtiger Zellbestandteil fällt der große, durchsichtige Zellkern in den Blick, der häufig auch ein Kernkörperchen (= Nucleolus) enthält. Man findet den Kern als rundliches Oval irgendwo in der Zellmitte (Flächenansicht) oder als schmal ovale Struktur an eine Zellwand geschmiegt (Profilansicht).

Der Zellkern ist die Schaltzentrale der Zelle.

Nach der schon eingeübten Durchziehmethode (S. 61) ziehen wir einen Tropfen Methylenblau (= blaue Füllhaltertinte, vgl. S. 19) unter dem Deckglas durch und stellen den Zellkern damit wesentlich kontrastreicher dar. Jetzt wird außerdem erkennbar, dass er in einer größeren Ansammlung von Zellplasma liegt, die man als Kerntasche bezeichnet. Eventuell gehen von dieser Kerntasche einzelne, gerade aufgespannte Zellplasmabänder zu den gegenüberliegenden Zellwänden aus. Größere Ansammlungen von Zellplasma findet man im

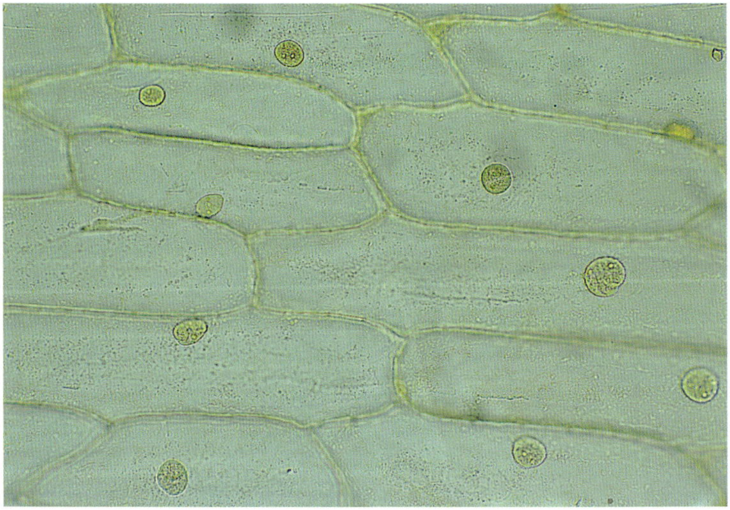

Zwiebelhäutchen in Lugolscher Lösung

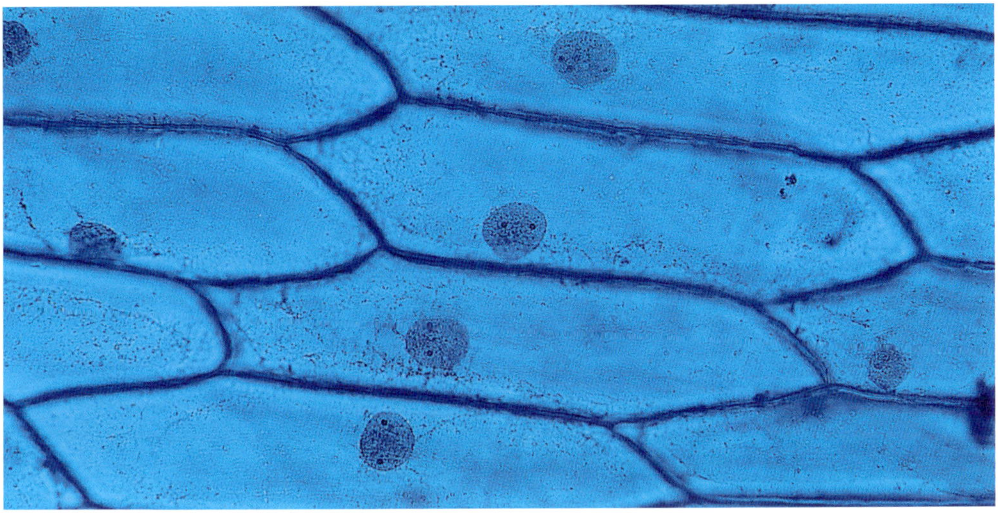

Zwiebelhäutchen in Methylenblau-Lösung

Bereich der spitzwinkligen Zellenden. Hier sieht man bei starker Vergrößerung zusätzlich eine ganze Menge kleiner und kleinster Plasmakörperchen. Einige davon sind die Entwicklungsvorstufen von Plastiden (S. 68), die man Proplastiden nennt. Andere sind im lichtmikroskopischen Bild nicht deutlich genug unterscheidbar, obwohl sie ganz unterschiedliche Zellfunktionen ausüben. Beim genauen Hinsehen wird man aber bald feststellen, dass viele dieser kleinen Körperchen im Zellplasma herumzittern – offensichtlich eine Folge ihrer Brownschen Bewegung (S. 56). Mitunter zeigt sich aber auch, dass sie außer ihrer Zitterbewegung an der Zellwand entlangwandern, weil das Zellplasma langsam durch die Zelle strömt.

Alle im Zellplasma eingeschlossenen Bestandteile werden noch etwas deutlicher sichtbar, wenn man durch das Präparat statt Methylenblau bzw. Tinte einige Tropfen Lugolsche Lösung durchzieht oder ein Stück vom Zwiebelhäutchen gleich in dieses Reagenz legt. Die Kerne nehmen dann eine bräunliche Färbung an, das proteinreiche Zellplasma erscheint kräftig gelblich. Da Lugolsche Lösung meist Alkohol enthält, werden die Zellen durch diese

Je nach verwendeter Farblösung reagiert das Zellplasma betroffen: Es flockt feinkörnig aus, und die Plasmaströmung hört auf.

Behandlung abgetötet oder fixiert, wie man es fachmännisch ausdrückt. Die Plasmaströmung kommt augenblicklich zum Stillstand, und das Zellplasma nimmt durch Ausflockung seiner Proteine eine feine körnige Struktur an.

Üppig und ausgedehnt

Vor allem in den spitzen Winkeln an den schmalen Zellenden zeigt sich, dass das Zellplasma mit seinen verschiedenen Einschlusskörperchen nicht das gesamte Zellvolumen einnimmt, sondern davon nur einen schmalen Randsaum. Der weitaus größte Teil des Zellvolumens, gewöhnlich mehr als 90 % des gesamten Zellraumes, entfällt auf die große Zentralvakuole. Ihre Membrangrenze zum Cytoplasma, Tonoplast genannt, zeichnet sich bei stärkster Vergrößerung als äußerst feine Linie ab. Besonders deutlich sind Größe und Ausdehnung der Vakuole in den Epidermiszellen einer rotschaligen Zwiebel zu erkennen, denn deren kräftig rote Färbung geht auf die Farbstofflösung im Vakuolenraum zurück. Pflanzenzellen setzen also zum Ausfärben zwei verschiedene Verfahren ein: Gelbliche bis orangerote Farbstoffe sind meist in speziellen Plastiden wie beispielsweise den Chromoplasten gebunden (S. 66), rötliche, violette oder blaue dagegen im Wasser der Vakuole gelöst. Die Farbstoffspeicherung ist aber nicht unbedingt die wichtigste Aufgabe einer Vakuole. Sie erfüllt in einer Pflanzenzelle noch weitere bedeutsame Funktionen.

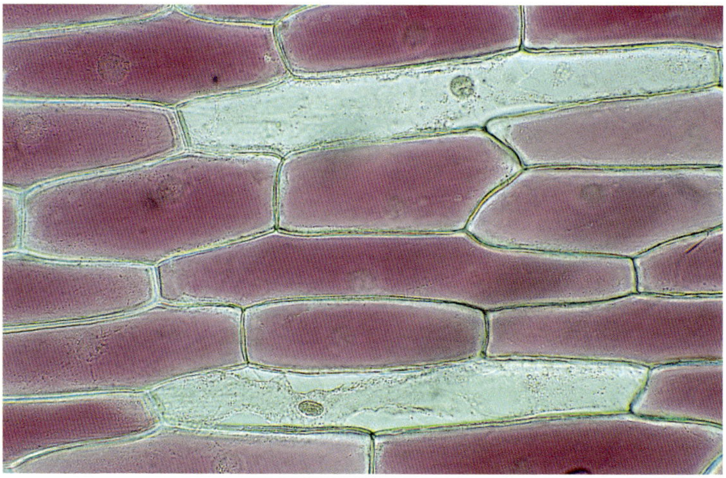

Zwiebelhäutchen einer rotschaligen Zwiebel: Die Vakuolen sind mit Farbstoff beladen.

Papierdünn und knistertrocken

Auch die trockene, bräunliche oder rote Außenschale einer Küchenzwiebel ergibt ein interessantes Präparat. Man entnimmt der Außenhaut ein sehr kleines Stück von höchstens 2 mm Seitenlänge und legt es zur Untersuchung in Wasser unter ein Deckglas. Größere Stücke sind wegen ihrer starren Wölbung ein wenig widerspenstig und heben womöglich das Deckglas an.

Wenn die Vakuolen beim Austrocknen der Zwiebelschale ihr Wasser verlieren, bleiben die im Vakuolenraum gelösten Stoffe zurück und kristallisieren aus: Bei stärkerem Aufblenden leuchten aus jeder ehemaligen Zelle der Zwiebelschale große, ungefähr backsteinförmige Einzelkristalle hervor. Gleichzeitig zeigen sich auch die vielen kreuz und quer übereinanderliegenden Zellwände der verschiedenen Blattgewebe, die beim Austrocknen zu einer dünnen Folie schrumpften – ein weiteres eindrucksvolles Beispiel dafür, dass allzu dicke Präparate fast nur noch aus wirren Linien bestehen (vgl. S. 51).

Die Einzelkristalle in der trockenen Zwiebelschale sieht man besonders gut im polarisierten Licht (vgl. S. 148).

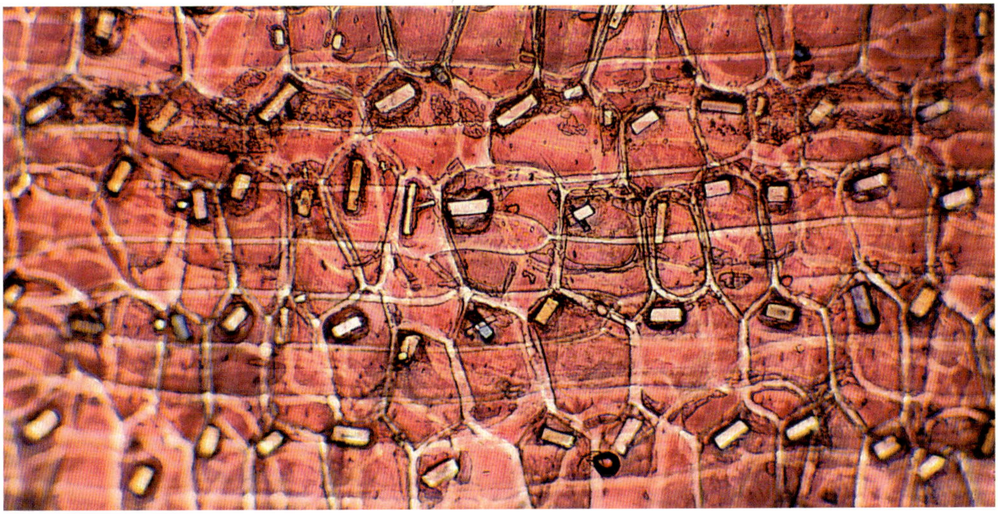

Trockene Schale einer rotschaligen Zwiebel: Der Vakuoleninhalt der einzelnen Zellen kristallisiert zu Einzelkristallen (Solitären) aus.

Tierische Vielfalt

Die erste kleine Umschau bei verschiedenen Fruchtfleischzellen oder den Blatthäutchen von Schuppenblättern der Küchenzwiebel führte zu der wichtigen Erkenntnis, dass die Lebewesen immer aus Zellen aufgebaut sind. Demnach müssten sich auch bei tierischem Gewebe oder gar bei uns selbst Zellen als Bausteine finden lassen. Nichts ist einfacher als diese Eigenbetrachtung im Mikroskop.

Expedition auf der Zunge

Mit einem sauberen Finger, einem Holzspatel (beispielsweise einem gesäuberten Eisstiel) oder einem stumpfen Zahnstocher fährt man an der Innenseite der Wange entlang oder schräg über die Zunge. Das anhaftende Geschabsel enthält außer einer Portion Speichelflüssigkeit eine größere Menge Zellen aus der Mundschleimhaut, die sich leicht ablösen lassen, weil sie ohnehin ständig erneuert werden müssen. Nach wenigen weiteren Arbeitsschritten kann die Inspektion des eigenen Innenlebens beginnen:

- Einen Teil der Probe auf linke Hälfte eines Objektträgers abstreifen oder abtupfen
- Einen ungefähr gleichgroßen Tropfen Wasser dazugeben und mit der Präpariernadel vorsichtig verrühren

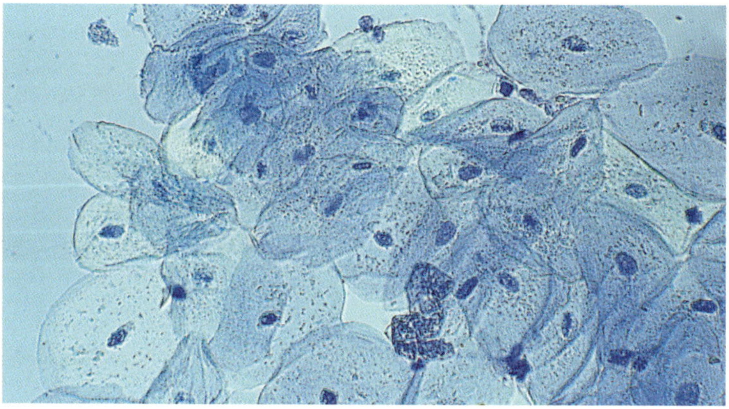

Mundschleimhautzellen in Methylenblau

- Deckglas auflegen und etwaige überschüssige Flüssigkeit absaugen
- Auf der rechten Hälfte des gleichen Objektträgers die andere Probenportion auftragen
- Vorsichtig mit verdünnter Methylenblau-Lösung (bzw. blauer Füllertinte) verrühren und mit einem Deckglas abdecken.

Farblösung Methylenblau etwa 3:1 mit Wasser verdünnen

Zunächst betrachten wir die ungefärbte Probe bei schwacher Vergrößerung. Auf den ersten Blick wird kaum etwas zu erkennen sein, denn die Schleimhautzellen sind relativ klein und außerdem nahezu durchsichtig. Erst nach stärkerem Abblenden findet man sie scharenweise, entweder einzeln oder noch in kleinen Gruppen zusammenhängend.

In der gefärbten Probe fallen sie dagegen sofort als himmelblaue Gebilde auf. Sollte die Färbelösung zu konzentriert gewesen sein, versinkt alles buchstäblich in nachtblauer Tinte. Das Präparat ist dennoch nicht verloren: Nach dem Durchziehverfahren (S. 61) saugt man die überschüssige Farbe heraus und von der gegenüberliegenden Deckglasseite gleichzeitig klares Wasser herein. Die gefärbten Zellen werden bei dieser Prozedur ihre Farbe behalten.

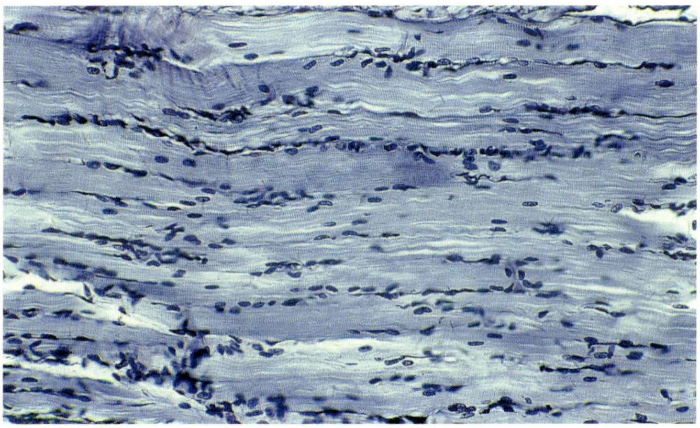

Quergestreifte Muskulatur (vereinzelte Fasern aus Steak) in Methylenblau

Plattenbauwerke

Die menschliche Mundschleimhaut ist ein Abschlussgewebe wie die Epidermis der Zwiebelschuppenblätter. Man nennt sie jedoch Epithel, weil sie als äußerste Decklage eine innere Oberfläche überkleidet. Wie beim Fokussieren bei mittlerer bis stärkerer Vergrößerung leicht festzustellen ist, besteht sie aus ziemlich flachen, plattigen Zellen von wenig festgelegtem Umriss. Jede dieser Einzelzellen stellt – obwohl sie von uns selbst stammt – eine typische tierische Zelle dar. Der auffälligste Unterschied zu den Epidermiszellen des Zwiebelhäutchens ist, von der anderen Zellform und -größe abgesehen, das Fehlen der Zellwand. Tierische und menschliche Zellen sind nach außen lediglich durch ihre Plasmamembran, das Plasmalemma, begrenzt – diese Membrangrenze ist als feine Linie der Zellumrandung zu erkennen. Bei der Pflanzenzelle gibt es ebenfalls ein Plasmalemma, doch liegt dieses der Zellwand so eng an, dass man es im mikroskopischen Bild nicht unterscheiden kann. Außerdem fehlen der tierischen Zelle die für Pflanzenzellen so typischen Plastiden (vgl. S. 64–69).

Die extrem dünne Plasmamembran ist im Lichtmikroskop nicht zu sehen. Man erkennt die Zellgrenze lediglich anhand der unterschiedlichen Lichtbrechung.

Es könnte allerdings sein, dass sich zwischen den Mundschleimhautzellen dennoch ein paar Gebilde aufhalten, die verdächtig nach Amyloplasten aussehen. Im Zweifelsfall informiert eine Stärkeprobe mit Lugolscher Lösung sofort darüber, ob die Vermutung zutrifft. Die eventuell vorhandenen Stärkekörner stammen natürlich nicht aus unserer Mundschleimhaut, sondern sind die Reste vom Frühstücksbrötchen, von den Spaghetti zu Mittag oder anderer stärkehaltiger Nahrung von der letzten Mahlzeit.

Da die einzelnen Mundschleimhautzellen durch die Präparation etwas unsanft behandelt wurden, sind in der zarten Plasmamembran vielfach Falten und Knicke entstanden. Die Zellform hat darunter aber kaum gelitten. Im Zellinneren ist der stärker gefärbte Zellkern mit seinem Kernkörperchen (Nucleolus) gut zu sehen. Er ist nicht exakt kreisrund, sondern stets ein wenig länglich. Eine solche Zelle mit Zellkern nennt man Eucyt.

Winzige Mitbewohner

Oftmals findet man im Präparat neben und auf den einzelnen Mundschleimhautzellen oder ihren Zelltrümmern eine Menge winziger Punkte oder Striche, die sich mit Methylenblau tief dunkelblau bis fast schwarz gefärbt haben: Es sind Bakterien und damit einige aus unserer Mundhöhle entführte Mitbewohner, die dort überaus zahlreich siedeln. Die rundlich-kugeligen Formen nennt man Kokken, die eher stäbchenförmigen Bazillen. Sie sind ein völlig normaler Bestandteil der Mikroflora auf den Schleimhäuten und daher keineswegs Anzeichen einer schlimmen Infektion. Bakterienzellen besitzen keine Zellkerne und sind auch sonst viel einfacher aufgebaut als die kernhaltigen Epithelzellen. Man nennt ihren Zelltyp daher Protocyt. Der Direktvergleich zeigt die beachtlichen Größenunterschiede zwischen den recht winzigen Protocyten und einem durchschnittlich großen Eucyten. Unsere Mundschleimhautzellen sind etwa 40 mm groß, die Bakterien nur etwa 2 – 3 mm.

Vielerlei Typen

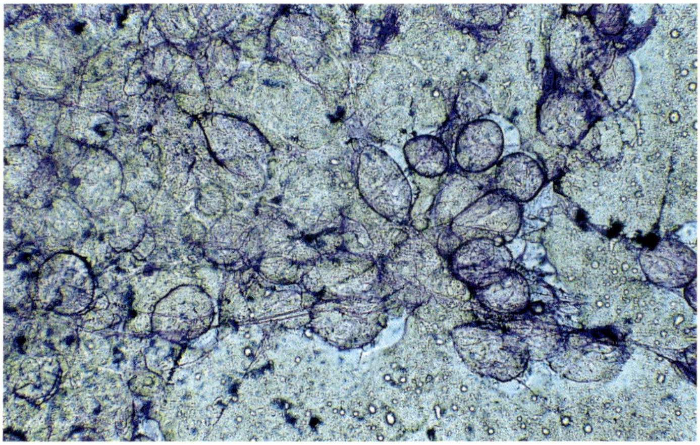

Fettzellen aus dem Schweinebauch-Bindegewebe

Mit ihren Grundbauteilen Zellkern, Zellplasma und Zellmembran weisen die Zellen der Eucyten grundlegende Gemeinsamkeiten auf. Dennoch unterscheiden sie sich meist erheblich in der Form, weil sie in den Lebewesen unterschiedliche Aufgaben erfüllen. Die Funktionsspezialisierung eines Gewebes oder eines Organs ist auch auf der Ebene einer einzelnen Zelle fast immer mit besonderen Strukturmerkmalen verbunden. Die Probe aufs Exempel liefern die folgenden Präparate weiterer tierischer Zellen:

- Wenn man sich kräftig und sehr entschlossen ein Haar auszupft, bleibt meist die sogenannte Haarwurzel daran. Sie besteht unter anderem aus den Zellen, in denen die Hornsubstanz des Haares aufgebaut wird. Die abgetrennte Haarwurzel präpariert man in verdünnter Methylenblau- oder in Eosin-Lösung nach dem Quetschverfahren (S. 64).

Nach der Präparation von tierischem Gewebe die Werkzeuge immer gründlich mit Alkohol reinigen!

- Gänzlich andere Zellgestalten bietet eine kleine Probe von rohem Schweinebauchspeck aus der Metzgerei. Zur Untersuchung legt man herausgezupfte Kleinstportionen aus dem Fettgewebe in einen mit gleichen Teilen Wasser verdünnten Tropfen haushaltsübliches Geschirrspülmittel (Detergens). Die Fett- bzw. Bindegewebszellen breiten sich darin optimal aus und zeigen ihren Zellkern und zahlreiche eingeschlossene Fettkügelchen.
- Die einfache Grundstruktur einer tierischen Zelle zeigt auch ein Stückchen schlachtfrischer Schweine- oder Rinderleber, die man ebenfalls aus der Metzgerei besorgt. Einen Würfel von etwa 1 cm Kantenlänge tupft man vorsichtig 1 – 3 mal auf einen zuvor entfetteten Objektträger und lässt an der Luft trocknen. Das trockene Präparat überschichtet man für 1 – 2 min mit Methylenblau-Lösung und spült dann mit Wasser ab. Nach Auflegen des Deckglases zeigen sich die Zellen aus dem Lebergrundgewebe

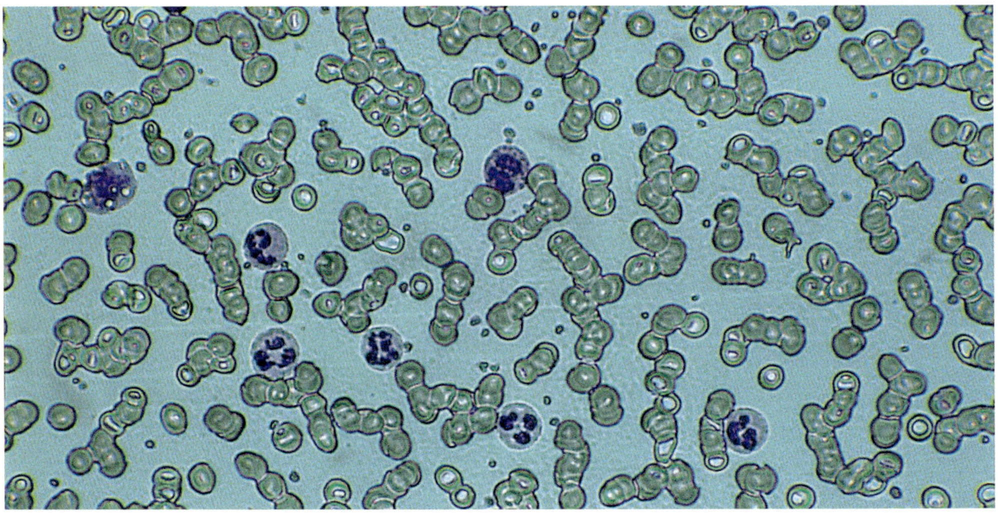

Blutausstrich: Bei diesem etwas zu dicken Ausstrich haben sich die roten Blutzellen geldrollenartig aneinandergelagert.

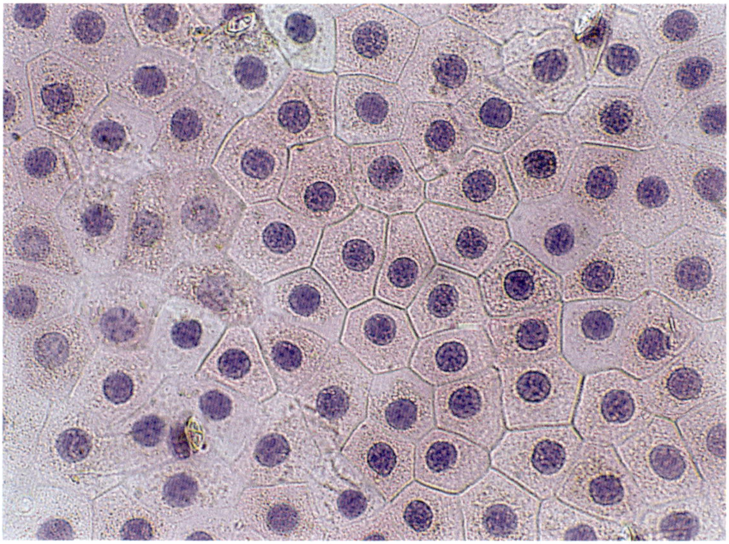

Molche streifen von Zeit zu Zeit ihre Haut ab – die Reste hängen wie zarte Schleier zwischen Wasserpflanzen. Ein Stückchen davon, in Eosin gefärbt, zeigt ein regelmäßiges Zellmuster.

(Leberparenchym) als kubische Gebilde von ungefähr gleichem Durchmesser (etwa 15 – 30 mm).

- Ganz wenige Fasern, mit der Präpariernadel aus einem Stückchen Steakfleisch oder rohem Schinken gekratzt, zeigen den Aufbau der quergestreiften Muskulatur.
- Ein kleiner Kratzer in der Haut lässt mitunter ein wenig Blut fließen – eine willkommene Gelegenheit, sich auch einmal die eigenen Blutzellen ein wenig anzusehen. Man setzt einen kleinen Bluttropfen auf den Objektträger und streicht ihn aus, wie in Kapitel 15 beschrieben. Das gut getrocknete Präparat färbt man für ca. 10 min mit Methylenblau (Tinte), spült mit Wasser die überschüssige Farbe ab und beobachtet das erneut getrocknete Präparat ohne Deckglas. Nur die wenigen weißen Blutzellen führen Zellkerne, während die roten Blutzellen beim Menschen und den (übrigen) Säugetieren im reifen Zustand kernlos geworden sind.

Die für medizinische Untersuchungen übliche Standardfärbung ist das Pappenheim-Verfahren. Nur für eine erste Übersicht genügt der Einsatz von Methylenblau.

Ständig in Bewegung

Die bisher bearbeiteten pflanzlichen Strukturen (Kapitel 8 und 9) oder unsere eigenen Bestandteile aus dem Epithel der Mundschleimhaut (Kapitel 10) zeigten zwar den für Lebewesen insgesamt typischen Aufbau aus Zellen, aber ein typisches Kennzeichen des Lebens, zum Beispiel Bewegung oder Reizbarkeit, war daran nicht zu beobachten. Die Zellen sahen ziemlich statisch und tot aus, obwohl sie aus lebenden Wesen entnommen waren. Im folgenden Projekt sehen wir uns einmal gezielt nach Hinweisen um, die uns die Lebendigkeit einer Zelle zeigen.

Keine halben Sachen

Die meisten Wasserpflanzen besitzen ziemlich dünne und deswegen durchscheinende Blätter, die man für eine mikroskopische Untersuchung nicht eigens in transparente Scheibchen schneiden muss. Bis heute sind sie daher besonders beliebte, weil einfach zu handhabende Objekte. Bestens geeignet sind beispielsweise die schmalen, ungefähr 1,5 cm langen Blätter der Wasserpest-Arten, die man entweder dem Gartenteich entnimmt oder aus dem Aquarienfachhandel bezieht. Wasserpest ist ganzjährig leicht zu beschaffen. Die dünnen, biegsamen Blätter sind gewöhnlich nur zweischichtig aufgebaut, sodass man sie komplett und ohne weitere Vorbehandlung direkt mikroskopieren kann.

Man legt ein solches Blatt in Längsrichtung auf den Objektträger, tropft etwas Wasser dazu und legt ein Deckglas auf. Dann saugt man am Deckglasrand so viel Wasser ab, dass das Objekt von der Adhäsion des Deckglases möglichst eben auf den Objektträger gedrückt wird.

Bei schwacher Vergrößerung sucht man zunächst den im Durchlicht etwas dunkler erscheinenden Bereich der Mittelrippe auf. Sie besteht, wie die stärkere Vergrößerung zeigt, aus wenigen parallelen Reihen von Zellen, die in Längsrichtung gestreckt und mehrfach so lang wie breit sind. Dann stellt man auf die oberste Schicht der Mittelrippenzellen scharf und lässt für ein paar Minuten sehr helles Licht der Mikroskopierleuchte einwirken.

Jetzt geht es rund

Zunächst fallen in diesen Mittelrippenzellen ebenso wie in den benachbarten normalen Blattzellen viele rundliche, in der Kantenansicht eher linsenförmige und grasgrün gefärbte Zellbestandteile auf: Es sind grüne Plastiden, auch Chloroplasten oder arg vereinfacht

Die heftige Plasmaströmung zeigt sich vor allem an den passiv verschleppten Chloroplasten.

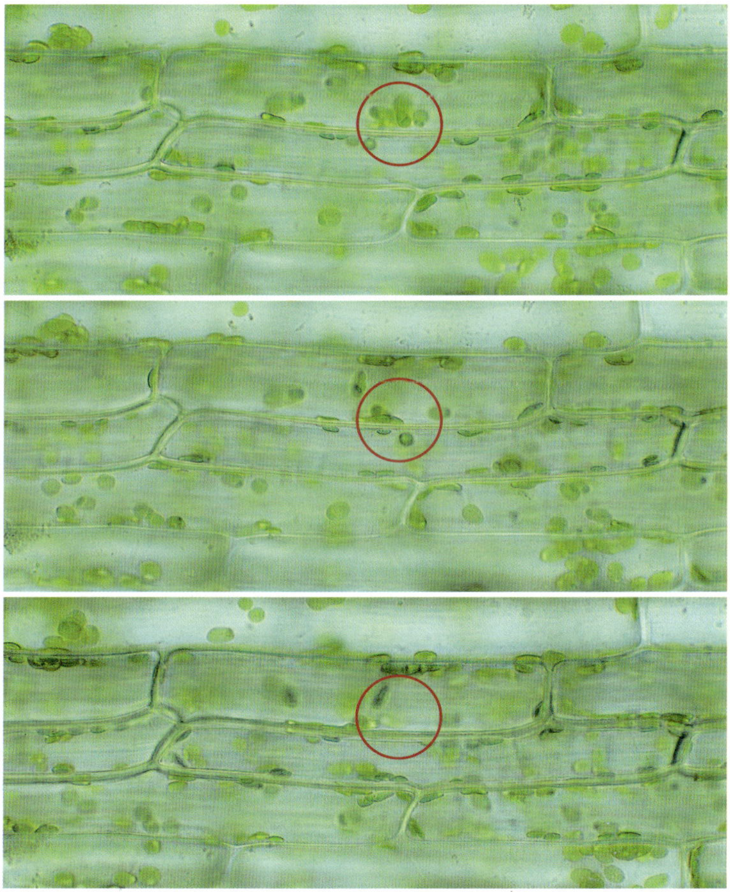

In den schmalen Mittelrippenzellen der Wasserpest kommt im hellen Beobachtungslicht eines Mikroskops nach kurzer Zeit eine lebhafte Plasmaströmung in Gang. Zwischen den einzelnen Aufnahmen liegen etwa 10 sec.

Am Anfang stand der Flaschenkork

Der Engländer ROBERT HOOKE, der lange Zeit Luftpumpen und Barometer baute, betrachtete um 1660 bei nur 30-facher Vergrößerung dünne Scheibchen von gewöhnlichem Flaschenkork und sah darin zu seinem Erstaunen dicht an dicht kleine Kämmerchen oder Schachteln. In seinem berühmten 1665 erschienenen Werk „Micrographia" bezeichnete er diese „little boxes" erstmals als Zellen. Genau genommen hatte er in den Scheibchen nur die Zellwände gesehen, denn Flaschenkork ist ein totes Gewebe.

Erst im Laufe des 19. Jahrhunderts entdeckte man die entscheidenden Bestandteile lebender Zellen, 1831 beispielsweise den Zellkern. Der in Prag lehrende Naturforscher JOHANNES EVANGELISTA PURKINJE prägte 1837 den Begriff Protoplasma, und in Jena erkannte der Botaniker MATTHIAS SCHLEIDEN um 1838, dass alle Teile einer Pflanze aus Zellen aufgebaut sind. Da er auch in Kaulquappengewebe Zellkerne gefunden hatte, riet er seinem Berliner Kollegen THEODOR SCHWANN, weitere tierische Gewebe zu untersuchen. SCHWANN schrieb im Jahre 1839 eine wissenschaftsgeschichtlich grundlegende Arbeit über die „Uebereinstimmungen in der Struktur ... der Thiere und Pflanzen". Der Tübinger Botaniker HUGO VON MOHL definierte 1851 die Zelle als elementaren Baustein der Lebewesen, und CLAUDE BERNARD lehrte 1865 in Paris, dass sich alle Leistungen eines Lebewesens nur aus den Funktionen seiner Zellen erklären lassen. Damit war die Zellenlehre als wichtiger Arbeitsbereich der Biologie begründet.

Blattgrünkörperchen genannt, auf die die typische Färbung aller grüner Pflanzenteile zurückgeht. In den Chloroplasten findet die Photosynthese der Pflanzen statt, bei der sie ein Gas aus der Luft (Kohlenstoffdioxid) mithilfe des Sonnenlichtes in energiereiche Verbindungen wie Zucker und Stärke umwandeln. Da die meisten Zellen sehr viele Chloroplasten enthalten, kann man den Zellkern oft gar nicht erkennen.

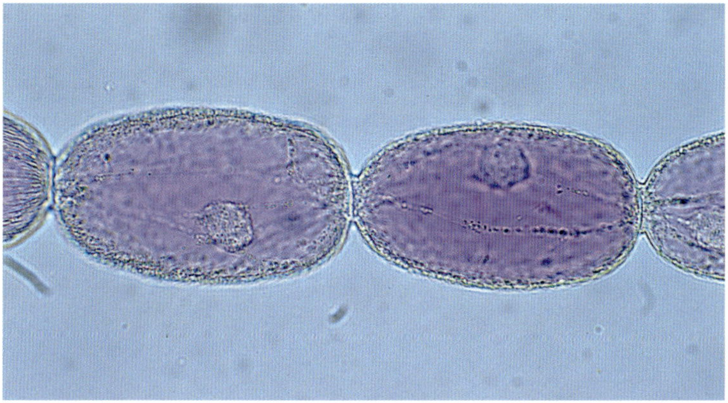

Staubfadenhaar einer rosablütigen Zebrakraut-Art mit natürlich gefärbter Vakuole: Anhand der zahlreichen eingeschlossenen Plasmakörperchen ist die rasche Strömung gut zu verfolgen.

Wie in der City: Einbahnstraßen, Mehrfachspuren mit Gegenverkehr und Verkehrsstau

Zuerst wird in diesen Zellen alles ganz ruhig sein. Aber schon nach einigen Minuten intensiver Reizung durch den Lichtkegel des Mikroskopierlichtes beginnt hier das Zellplasma mit einer eindrucksvollen Plasmaströmung – erkennbar daran, dass sie die großen Chloroplasten auf offensichtlich festgelegten Bahnen mit sich führt. In manchen Teilen der Zelle läuft die Plasmaströmung wie in einer Einbahnstraße, aber es gibt auch mehrspurige Bänder und sogar solche mit Gegenverkehr. Manchmal geht es in den Zellen auch richtig rund. Entsprechend unterscheidet man Zirkulations- und Rotationsströmung. Am Zustandekommen der Strömung sind besondere Feinstrukturen beteiligt, die man im Lichtmikroskop mit einfachen Mitteln allerdings nicht darstellen kann. Die Bewegung ist jedenfalls ein klarer Hinweis auf die Lebendigkeit der Zellen – in toten Blattzellen findet keine Plasmaströmung mehr statt. Allerdings sollte man auch nicht vorschnell schließen, dass eine Zelle unwiderruflich abgestorben ist, wenn keine Strömung zu sehen ist. Viele Pflanzenzellen sind quietschlebendig und lassen ihr Zellplasma dennoch nicht fließen. In einem anderen Untersuchungsprojekt (Kapitel 12) werden wir einen technischen Trick kennenlernen, mit der man die Lebendigkeit auch solcher Zellen nachweisen kann. Viele andere

Bewegungen in der Zelle laufen nicht so auffällig ab, darunter die Verlagerung der Chloroplasten aus der Flächen-(Schwachlicht) in die Kantenstellung (Starklicht) im Moosblättchen.

Weitere Zellen in Aktion

Der eigentliche Motor der Plasmaströmung ist immer noch weitgehend unerforscht.

Eventuell haben wir auch schon bei der Bearbeitung der Zellen aus der Schuppenblattepidermis der Küchenzwiebel hier und da eine zaghafte Plasmaströmung beobachtet (S. 70/71). Vergleichbar eindrucksvolle Strömungen kann man ohne aufwendige Präparation auch in den folgenden Objekten sehen:

- Zebrakraut (= verschiedene Arten der Gattungen *Tradescantia* bzw. *Zebrina*) ist als Zimmerpflanze weit verbreitet und beliebt. Manche Formen blühen auf der Fensterbank fast ganzjährig; sie sind auch aus Gärtnereien leicht zu beschaffen. Die eher unscheinbaren Blüten enthalten jeweils mehrere Staubblätter, deren Stielchen dicht behaart sind. In den perlschnurartig hintereinanderliegenden Zellen dieser auch als Staubfadenhaare bezeichneten Anhänge strömt es auf schmalen und breiteren Bahnen unentwegt. Beim Beobachten stark abblenden!
- Die Vogel-Sternmiere (*Stellaria media*) ist ein in allen Gärten häufig wachsende Wildkraut. Man erkennt die zarten Pflanzen unter anderem daran, dass ihre Sprossachsen jeweils nur eine dichte Haarleiste tragen („Irokesenfrisur"). Man legt ein etwa 4 – 5 mm langes Sprossachsenstück mit der Haarleiste seitwärts auf den Objektträger und quetscht es vorsichtig flach. In den Haarzellen ist dann die Plasmaströmung gut zu sehen.
- Wer Kürbispflanzen im Garten hat, sollte sich unbedingt die etwas borstigen Haare der Blatt- oder Blütenstiele etwas genauer anschauen. Dazu trennt man einzelne Haare vorsichtig direkt über der Ansatzstelle ab und überträgt sie sofort in Wasser. Die rastlose Strömung mit weiträumiger Wanderung aller Plasmaeinschlüsse zeigt sich am schönsten in den unteren und relativ breiten Zellen eines Haares.

Schiefe Beleuchtung

Mit einem einfachen Beleuchtungstrick kann man den oben erwähnten Präparaten pflanzlicher Haare einen besonderen Zauber abgewinnen. Wenn das Mikroskop einen Filterhalter besitzt, legt man darauf einen schwarzen Pappstreifen, der eine kreisrunde Öffnung etwa vom Durchmesser einer 10-Cent-Münze aufweist. Bei weit geöffneter Aperturblende verschiebt man den Pappstreifen nach rechts oder links und bemerkt nun im Präparat, dass die Objektstrukturen seltsam reliefartig hervortreten – wie Glasröhren im schrägen Streiflicht. Bei Mikroskopen mit Umlenkspiegel verstellt man stattdessen die Spiegelebene so, dass das meiste Licht seitlich durch die Bohrung im Objekttisch tritt.

Statt der Lochblende kann man für Schräglicht mit 3D-Effekten auch eine V-förmig eingeschnittene Pappscheibe (Kreutz-Blende) verwenden.

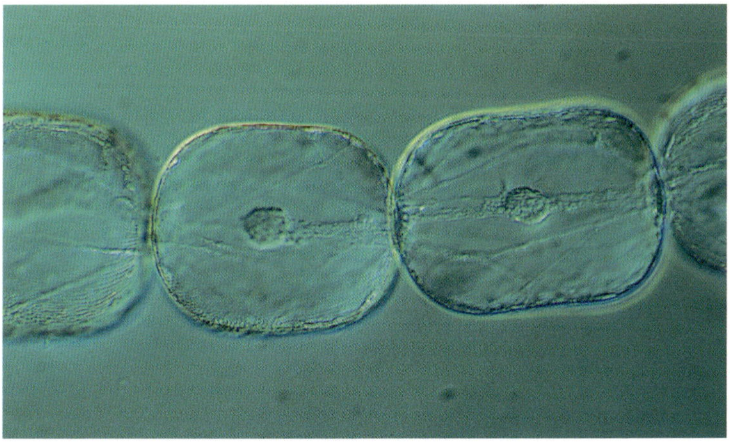

Bei schiefer Beleuchtung zeichnen sich die strömenden Plasmastränge und die Zellwände plastisch ab.

@ Unter www.mikroskop-optimierung.de findet man ein neues und sehr einfaches Kontrast verstärkendes Beleuchtungsverfahren, den von Erhard Matthias erfundenen Beugungskontrast.

Zellen reagieren flexibel

Wenn in einer Pflanzenzelle das Plasma mit allen seinen Bestandteilen fließt wie der Verkehr in einer Kleinstadt, hat man einen untrüglichen Beweis dafür vor Augen, dass das Objekt ganz quicklebendig ist. Mikroskopiker können auch mit einem weiteren zuverlässigen Kriterium sehr leicht überprüfen, ob noch Leben im System steckt: Dazu rückt die große Vakuole der Pflanzenzellen in den Vordergrund.

Eine Rothaut auf dem Prüfstand

Der rotschaligen Küchenzwiebel sind wir schon einmal auf die Pelle gerückt, um am Beispiel der Epidermiszellen ihrer Schuppenblätter den grundsätzlichen Aufbau einer Pflanzenzelle kennenzulernen (Kapitel 9). Das gleiche Objekt wählen wir im folgenden Versuch, um etwas mehr über die Aufgaben der seltsamen Vakuole zu erfahren, die den allergrößten Teil einer Pflanzenzelle einnimmt. Da die Vakuolen bei dieser Rothaut praktischerweise schon von Natur aus mit wasserlöslichen Farbstoffen beladen sind, ersparen sie ein umwegiges Anfärben.

Man präpariert ein kleines (etwa 5 x 5 mm messendes) Stück, dieses Mal aus der unteren (= äußeren) Epidermis der gewölbten Zwiebelschuppe, wie auf S. 70/71 beschrieben. Beim Abziehen des Häutchens vom restlichen Blattgewebe werden zwar einzelne Zellen zerstört, laufen buchstäblich aus und sehen dann farblos aus, aber ein großer Teil bleibt sicher unverletzt und lässt anschließend mit sich experimentieren.

Vakuolen auf dem Rückzug

Zunächst setzt man eine konzentrierte Kochsalz- oder Zuckerlösung an: Dazu werden etwa 1 – 2 g Kochsalz oder Haushaltszucker in ungefähr 5 ml Wasser aufgelöst. Nach der Durchziehmethode (S. 61) mit einem Filtrierpapierstreifen tauschen wir nun das Untersuchungsmedium Wasser gegen die konzentrierte Lösung aus und betrachten das Zwiebelhäutchen-Präparat bei mittlerer Vergrößerung.

Schon nach wenigen Augenblicken ereignet sich Seltsames: Die nach wie vor intensiv gefärbte Vakuole wird zunehmend kleiner. Die jetzt offenbar auf ein viel kleineres Volumen zusammengedrängten Farbstoffteilchen lassen den Vakuolensaft außerdem viel farbdichter und kräftig dunkelrot erscheinen. Umgeben ist die bald sichtlich geschrumpfte Vakuole vom schmalen, farblosen Band des Zellplasmas – es hat sich von der Zellwand abgelöst und verlagerte sich aus seiner normalen Position mit der kleiner werdenden Vakuole nach innen. Wenn man eine besonders konzentrierte Lösung einwirken lässt, kann es sogar passieren, dass sich die vorher einheitliche Vakuole in zwei oder mehr Portionen zerlegt.

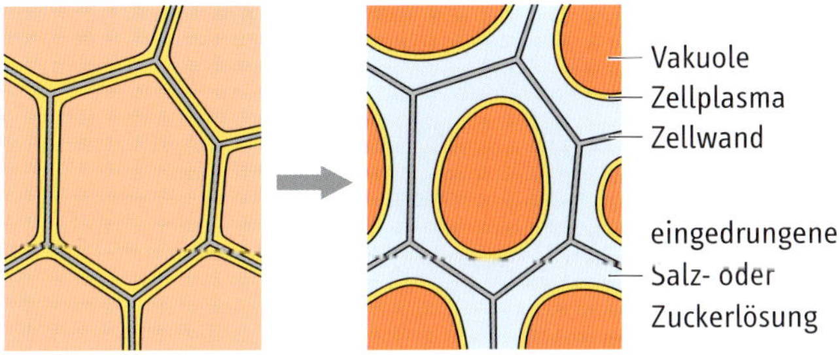

Unter dem Einfluss einer konzentrierten Zucker- oder Salzlösung schrumpft die große Zellvakuole.

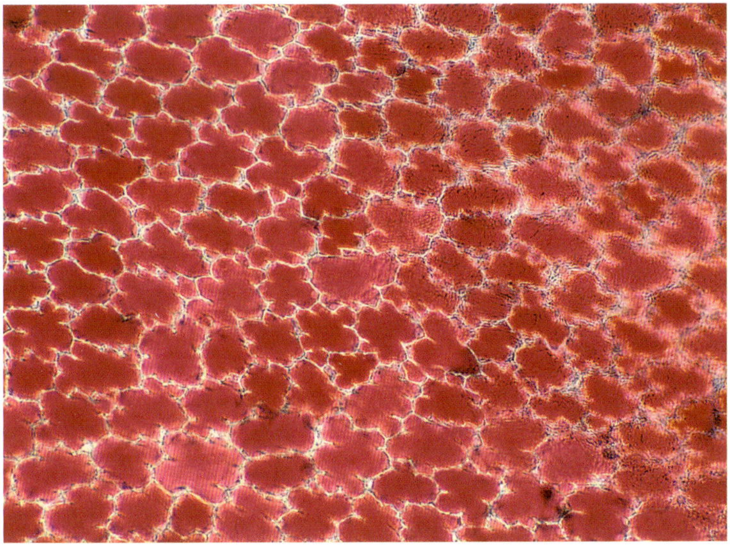

Die Vakuole nimmt in vielen Pflanzengeweben den größten Teil einer Zelle ein: Kronblatt einer Gartenrose.

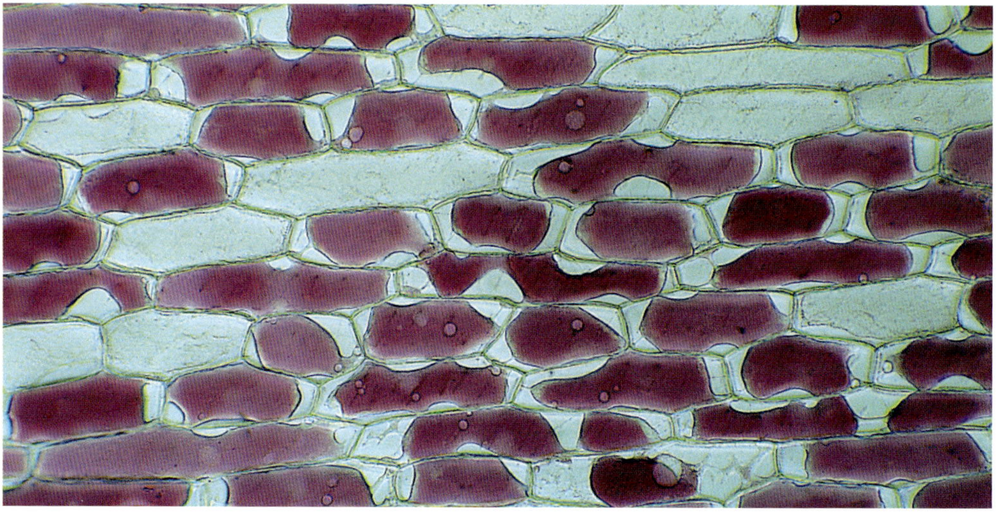

Fortgeschrittene Plasmolyse in der Zwiebelhaut einer rotschaligen Küchenzwiebel

Nach dieser auffälligen Ablösung des Zellplasmasaums von der Zellwand nennt man den gesamten Effekt Plasmolyse. Die verursachende Stofflösung, die Salz- oder Zuckerlösung, ist das Plasmolyticum.

Wasserwege

Angesichts des nunmehr deutlich verkleinerten Vakuolenraums ist zu folgern, dass die Vakuole offenbar Wasser verloren hat, während ihre übrige stoffliche Beladung (ablesbar an den Farbstoffen) geblieben ist. Offenbar kann also nur das Lösemittel Wasser aus der Vakuole frei und relativ ungehindert auswandern, während die im Vakuolensaft gelösten Farbstoffteilchen an Ort und Stelle verbleiben müssen. Auch die Bestandteile des jeweils verwendeten Plasmolyticums, die Salz-Ionen oder Zuckermoleküle, wandern nicht. Sie haben aber einen erheblichen Einfluss auf die Wasserbewegung.

Kontrollierende Instanz für diese auswählende Stoffpassage, die nur Wasser wandern lässt, sind die Zellmembranen, neben der umhüllenden Plasmamembran insbesondere der Tonoplast, der die

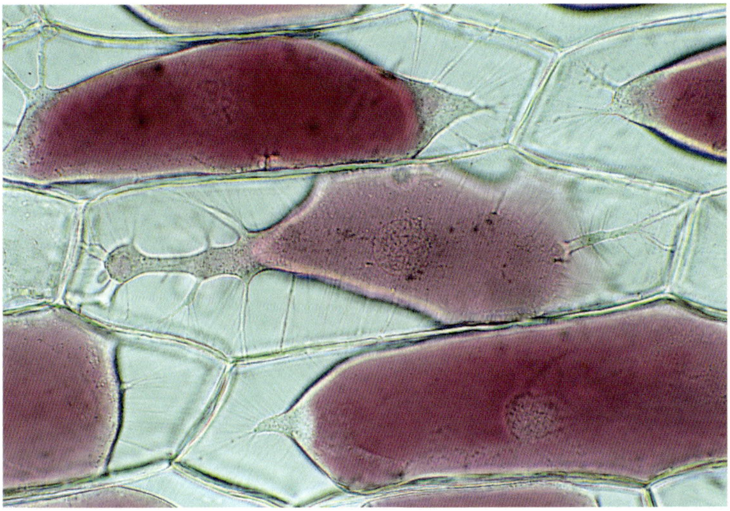

Bei starker Plasmolyse erkennt man – eventuell unterstützt von schiefer Beleuchtung (vgl. S. 87) – die zarten Plasmabrücken (= Hechtsche Fäden), über die die Nachbarzellen in Kontakt stehen.

Vakuole umgibt (vgl. S. 74). Die Wassermoleküle sind klein genug, um durch die feinen Membranporen zu schlüpfen, während alle größeren Moleküle wie die Salz- bzw. Zuckerteilchen aus- oder eingesperrt bleiben. Die Zellmembranen sind demnach nur halb durchlässig; man bezeichnet diese Erscheinung mit dem schwierigen Fachbegriff Semipermeabilität. Sie ist an die lebende Zelle geknüpft – tote Zellen lassen sich nicht mehr plasmolysieren.

Um Ausgleich bemüht

Konzentrationsunterschiede lösen Wasserbewegungen über die Zellgrenzen hinweg aus.

Das Lösemittel Wasser wandert durch die kleinen Zellwelten, weil das System nach einem einfachen Naturgesetz den Konzentrationsausgleich zwischen innen und außen anstrebt. Wenn man eine Zelle in ein hoch konzentriertes Plasmolyticum bringt, muss sie also zwangsläufig Wasser aus ihrer Vakuole abgeben. Diese nur durch die jeweilige Stoffkonzentration gesteuerte Wasserbewegung zwischen innen und außen heißt Osmose.

Wassermangel lässt Pflanzenzellen erschlaffen. Bei Wasserüberschuss können sie sogar platzen.

Bietet man dem untersuchten Epidermisstückchen nun statt des Plasmolyticums wieder reines Wasser an (Leitungswasser nach der Durchziehmethode unter dem Deckglas hindurchziehen), lässt sich die Vakuole innerhalb weniger Augenblicke wieder bis auf Ausgangsgröße sichtlich volllaufen, weil nun ihre Binnenkonzentration wieder höher ist als die des Außenraums. Diesen Vorgang nennt man Deplasmolyse.

Innerer Druck für äußere Festigkeit

Vakuolen, die verschiedene Stoffe speichern, ziehen also nach den osmotischen Grundgesetzen das Wasser aus der Umgebung wie magisch an und würden sich hemmungslos bis zum Platzen voll saugen, wenn nicht die Zellwände einen wirksamen Gegendruck ausübten. Sie verhindern ein gefährliches Aufblähen der Vakuole, geraten dabei aber so unter Druck, dass die Zelle straff und prall gespannt ist wie ein aufgepumpter Fußball. Der osmotisch bedingte Zellbinnendruck, den man auch Turgor nennt, verleiht also der ein-

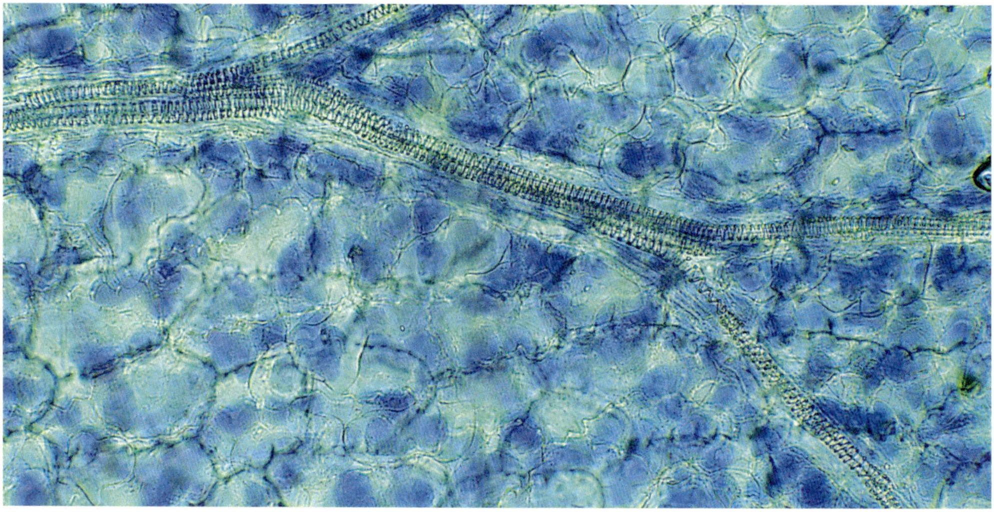

Kronblatt einer blauen Schwertlilie: Außer den großen gefärbten Zellvakuolen erkennt man ein gegabeltes Leitbündel.

zelnen Zelle und dem gesamten Gewebe eine beachtliche Festigkeit. Nur wenn dieses Gleichgewicht gestört ist, geht der Turgor verloren, und das Gewebe erschlafft bzw. welkt.

Ist die aber blau ...

Außer bei der rotschaligen Küchenzwiebel sind auch die Vakuolen anderer Pflanzen von Natur aus kräftig gefärbt, beispielsweise die Epidermis der Blattunterseite der Bootslilie, einer verbreiteten Zierpflanze. Auch viele Blütenblätter beladen die Vakuolen ihrer Zellen mit wasserlöslichen Farbstoffen und erscheinen dann kräftig gefärbt wie die knallrote Nelke oder die blaue Kornblume. Die solcherart ausgefärbten Blütenblätter sind wichtig für die Signalwirkung auf bestäubende Tiere. Da Blütenblätter meist sehr dünn sind, kann man sie in kleinen Stückchen von etwa 5 x 5 mm Seitenlänge ohne weitere Präparation oder nach leichtem Quetschen direkt untersuchen. Neben der farbintensiven Vakuole fallen bei den Zellen die hübschen Muster der Zellwände auf – sie sind eigenartig gewellt oder zeigen stegförmige Vorsprünge. Mit der oben verwendeten Salz- oder Zuckerlösung kann man auch in Blütenblattstückchen eine eindrucksvolle Plasmolyse hervorrufen. Auch in tierischen Zellen spielen osmotische Vorgänge eine große Rolle. Allerdings ist hier der osmotisch bedingte Gewebedruck für die Organfestigkeit unbedeutend.

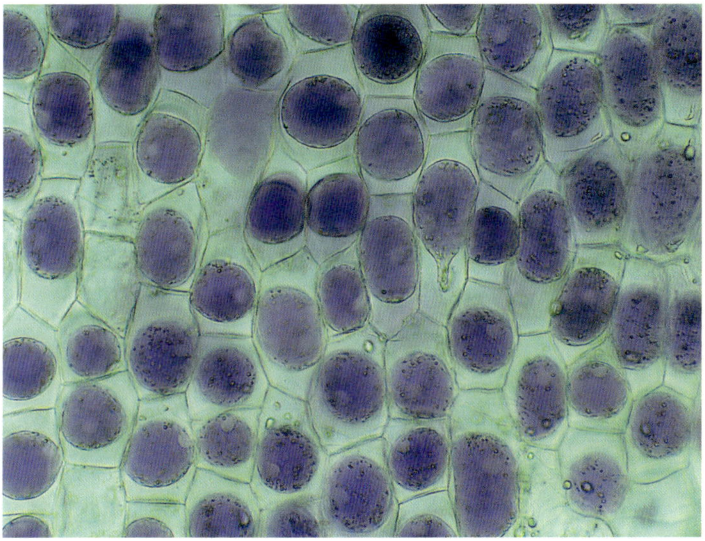

Nach Plasmolyse zeichnet sich das Muster der Kronblatt-Zellwände viel deutlicher ab.

Bleibende Erinnerung: Skizzieren und Zeichnen

Jedes mikroskopische Präparat entführt in zuvor nie gesehene Kleinwelten und überrascht mit neuen Bildeindrücken, seltsamen Strukturen sowie ungewöhnlichen Formen. Was dabei an Staunenswertem am Auge vorbeizieht, ist es allemal wert, dauerhafter festgehalten zu werden, denn die gesamte interessante Feinarchitektur in der Mikrowelt kann man sich oft nicht besonders gut merken. Im normalen makroskopischen Erfahrungsumfeld hat sie schließlich nur wenige oder gar keine Entsprechungen. Wie also kann man die Ergebnisse des Präparierens dokumentieren?

Foto oder Zeichnung?

Mit fremden Landschaften, die man in den Ferien erlebt, ist es ganz ähnlich: Im Kopf formt sich zwar ein umrisshaftes Gesamtbild, aber im Detail lässt das Erinnerte oft zu wünschen übrig. Wie im Urlaub könnte man auch die wundervollen mikroskopischen Szenerien durchaus im Foto festhalten. Obwohl die Mittel der Mikrofotografie sicherlich recht beeindruckende Bilddokumente liefern, bleibt die einfachere Skizze oder Zeichnung eine diskutable Alternative.

Der Blick in ein modernes naturwissenschaftliches Schul- oder Fachbuch bestätigt es sofort: Auch im 21. Jahrhundert kommt keine Fachliteratur ohne Schemata, Strichzeichnungen oder sonstige grafische Detaildarstellungen aus. Die Darstellungsmittel und -methoden haben sich zwar im Laufe der Zeit geändert, aber im Grundsatz gilt nach wie vor die Erkenntnis, dass das „Zeichnen des Menschen andere Sprache" ist, wie es der Karlsruher Zoologe Gerolf Steiner einmal ausdrückte. Früher war die Zeichnung sogar das Dokumentationsmittel schlechthin.

Beide Dokumentationsmittel ergänzen sich. Während das Foto etwa bei speziellen Beobachtungs- bzw. Untersuchungsverfahren einen grafisch kaum darstellbaren Gesamteindruck festhält, vermittelt die Zeichnung eine eher stenogrammartige und auf das Wesentliche beschränkte Mitteilung. Außerdem: Nur was man gezeichnet hat, hat man auch wirklich gesehen.

Für Zeichenübungen besonders zu empfehlen:

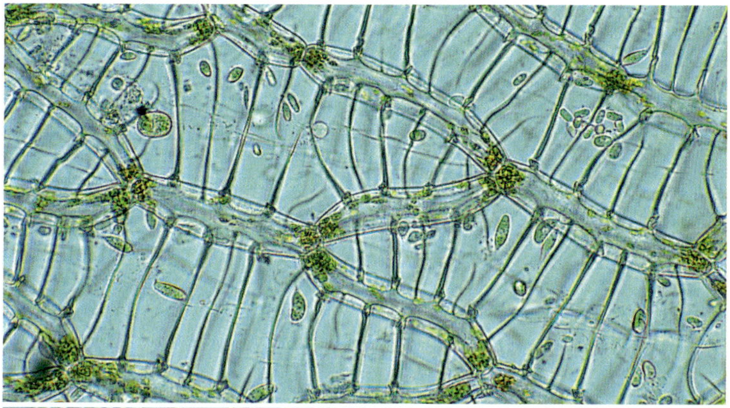

Wasserzellen (durchsichtig) und Assimilationszellen (grün) eines Torfmooses

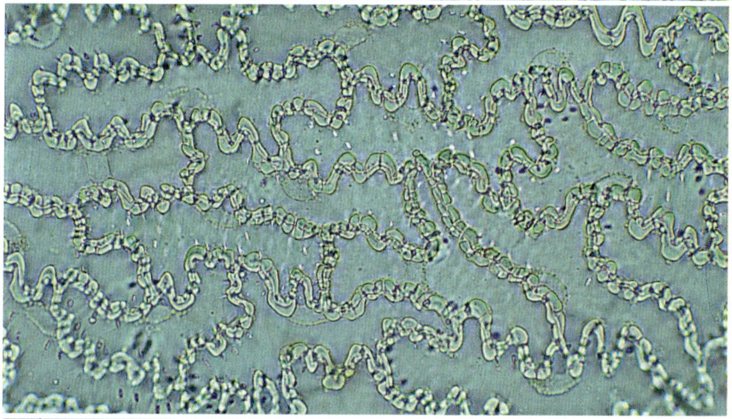

Rote Paprikafrucht: Stark gewundene Zellwände in der inneren Epidermis

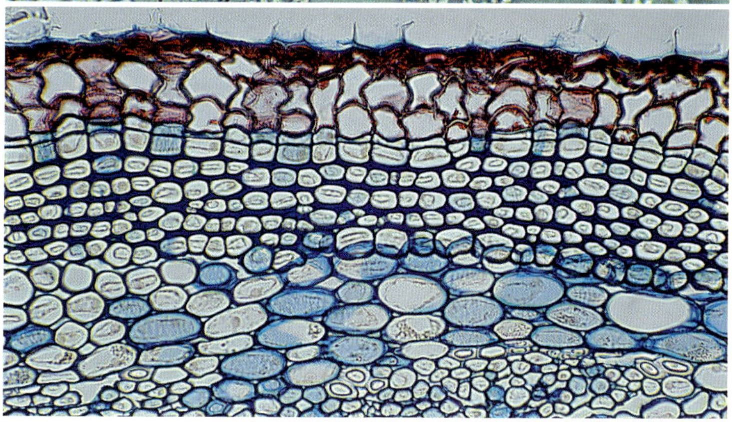

Schwarzer Holunder: Beginnende Korkbildung und Kollenchym in der Stängelrinde

Richtiges Mikroskopieren ist genaues Hinsehen

Das vielfach zitierte „geschulte Auge" – gemeint ist damit fast immer das durch längere Erfahrung entsprechend geübte Gehirn – erfasst ungewöhnliche Details und Zusammenhänge wesentlich besser als beim bloßen Hinsehen ohne Vorerfahrung. Dazu ist die zeichnerische Bewältigung des Gesehenen einfach das beste Training. Mikroskopieren ist eben ein ständiger Lernprozess.

Zeichnen: Beschränken auf das Notwendigste, dieses aber klar, eindeutig und liniengenau

Gezeichnetes merkt man sich viel besser als Gesehenes. Die meisten Menschen sind sogenannte motorische Lerntypen und verinnerlichen Abläufe oder Sachverhalte immer dann besonders nachhaltig, wenn sie sie gleichsam mit der Hand erledigt haben. Schließlich kann eine Zeichnung auch die Komplettansicht des Objektes wiedergeben.

Jeder Mikrofotograf kennt die Probleme des richtigen Bildausschnitts und vor allem mit der Tiefenschärfe. Im Unterschied zum Foto kann die Zeichnung durch Kombination mehrerer Abtastebenen ähnlich wie ein Rasterelektronenmikroskop eben auch die räumliche Tiefe wiedergeben und durch einfaches Verschieben des Objektes die fehlenden Anteile außerhalb des Sehfeldes einbeziehen.

Klare Konturen statt wirrer Linien

Jede zeichnerische Darstellung ist in großen Teilen eine vereinfachende, idealisierende und zweifellos auch deutende Wiedergabe des Gesehenen. Wo selbst ein Foto technisch perfekt, aber eben erbarmungslos Beugungssäume, die fast immer vorhandenen Präparationsfehler, staubfeine Verunreinigungen oder das Liniengefüge anderer Schärfeebenen festhält, kann die Zeichnung die notwendige Vereinfachung und Abstraktion leisten, indem sie den Blick auf das Wesentliche lenkt und auch nur dieses wiedergibt.

Für eine brauchbare Zeichnung benötigt man kein absolut brillantes Präparat, sondern kann auch dann loslegen, wenn einmal keine

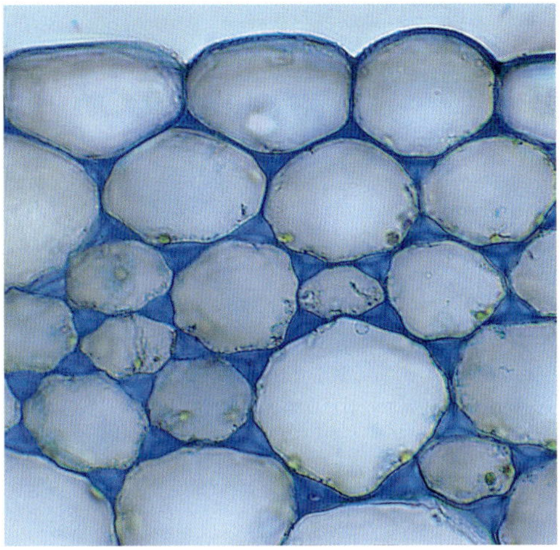
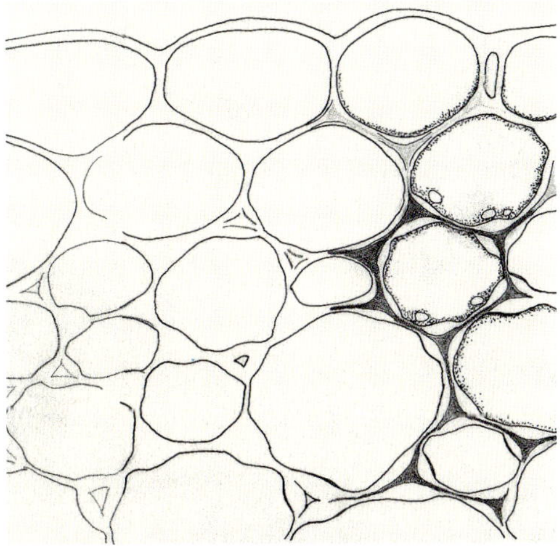

Querschnitt durch den Blattstiel einer Begonie mit Eckenkollenchym und zeichnerische Umsetzung. Man beginnt mit einem einfachen Strichgerüst (links) und vervollständigt dann die Einzelheiten (rechts).

optimale Ausleuchtung machbar ist, trotz aller Mühe die eine oder andere störende Luftblase partout nicht zu vertreiben ist oder ein Schnitt schlicht zu dick ausfiel. Vieles spricht also für die Zeichnung, und zu bedenken ist schließlich auch, dass man sie ohne nennenswerten apparativen Aufwand mit einfachen Hilfsmitteln erstellen kann.

Vom Präparat zur Zeichnung

Für die praktische Umsetzung eines mikroskopischen Bildes in eine ganz genaue zeichnerische Darstellung sind hilfreiche Apparate konstruiert worden, beispielsweise der Abbesche Zeichentubus. Er ist jedoch für unsere Zwecke entbehrlich. Den oft geäußerten Einwand, man sei künstlerisch unbegabt, sollte man nicht weiter vertiefen. Mit Kunst hat das Zeichnen am Mikroskop wenig bis gar nichts zu tun, sondern ist im Grunde ein einfacher, rasch erlernbarer, technischer Ablauf, der nach gewisser Übung zu akzeptablen Ergebnissen führt. Die Bildbeispiele dieser und der folgenden Seite verdeutlichen die wenigen Grundregeln, die man beachten sollte:

- Ein idealer Zeichengrund sind Karteikarten DIN A4 weiß/blanco. Für Entwürfe und Reinzeichnungen empfehlenswert sind Bleistifte mittlerer Gradationen (vorzugsweise HB, F, B1).

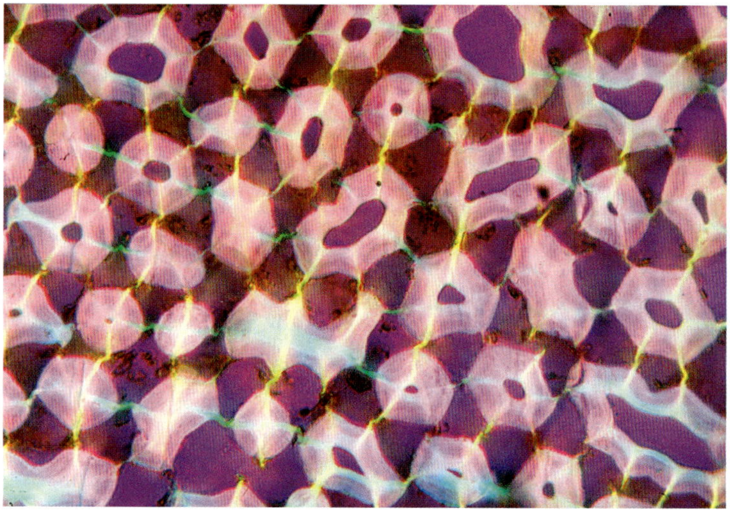

Querschnitt durch den Blattstiel der Roten Pestwurz mit Plattenkollenchym und zeichnerische Umsetzung

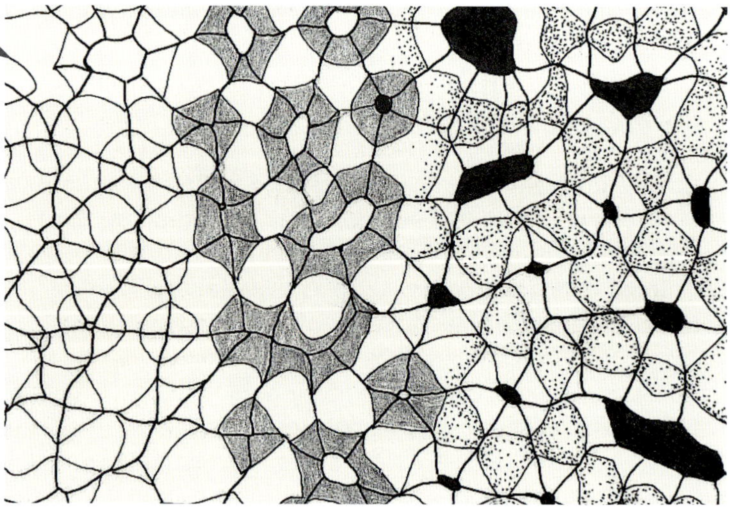

- Für anspruchsvollere Darstellungen verwendet man Tuschefüller, mit denen man (radierbare) Vorentwürfe nacharbeitet, vorzugsweise in den Strichstärken 0,13 bis 0,25 mm. Bei Tuschezeichnung auf (transparentem) Entwurfpapier sind Fehler durch Wegschaben mit dem Skalpell leicht zu beheben.
- Die Zeichnung wird so bemessen, dass sie auf dem Zeichenkarton etwa einen handflächengroßen Bereich einnimmt und genügend Raum für die Beschriftung lässt.
- Vom Objekt legt man zunächst einen ungefähren Umriss an und trägt dann schrittweise in den passenden Proportionen die Details ein.
- Begrenzungslinien einer Struktur (z.B. Zellwand) werden nicht gestrichelt wie bei einem künstlerischen Entwurf, sondern als durchgehende, einfache Kontur gezogen.
- Dichteunterschiede im Objekt kann man durch Punktieren bzw. Punktdichtenübergänge darstellen. Schraffuren sind nur als Hilfsdarstellung im Entwurfstadium sinnvoll.
- Bei Gewebeausschnitten stellt man die jeweils angrenzenden Zellen durch Anschnitte dar.
- Bei etwas komplizierteren Objekten wie pflanzlichen Geweben legt man zunächst das Gerüst der Mittellamellen der Zellwände an und führt dann erst die begrenzenden Konturen der Zellbinnenräume aus.
- Zellbestandteile wie Kerne, Plastiden, Vakuolen oder andere Einschlüsse sind jeweils in sich geschlossene Strukturen ohne Haken oder Ringelschwänzchen.
- Die für das Verständnis einer Zeichnung wichtigen Beschriftungselemente trägt man als Zahlen bzw. Buchstabensymbole ein oder legt kreuzungsfrei Hinweisstriche an.
- Jede Zeichnung benennt außer dem Datum das bearbeitete Objekt, seinen korrekten Artnamen, die wichtigsten Präparationsschritte und etwaige histochemische Nachweise.
- Die versammelten Zeichnungen archiviert man in einer geeigneten Sammelmappe. Auf diese Weise entsteht im Laufe der Zeit ein wertvoller Fundus, auf den man gerne zurückgreift.

Vom Einfachen zum Komplexeren: Auch am Beginn einer äußerst detailreichen Bauzeichnung standen einmal einfache Striche.

Die Welt im Wassertropfen

Erstmals im 17. Jahrhundert nahm der Delfter Tuchhändler Antoni van Leeuwenhoek Regenpfützen und Waldtümpel seiner Gegend genauer in den Blick und öffnete damit die Tür zu unvorstellbar spannenden Kleinwelten. Seither geht vom „Leben im Wassertropfen“ eine besondere Faszination aus. Tatsächlich verlieren Seh- und Tauchfahrten im Lebensraum Wasser selbst nach Jahrzehnten absolut nichts von ihrem Reiz, auch wenn sie zur normalen Routine der mikroskopischen Arbeit gehören.

Der frisch entnommene Tropfen aus der Trinkwasserleitung ist allerdings total langweilig – Wasser als wichtiges Lebensmittel ist normalerweise keimfrei. Weggräben, Gartenteich und Stadtparkweiher, die verstopfte Regenrinne oder die abgestandene Füllung der Blumenvase bieten dagegen unglaubliche Wimmelwelten mit Mengen skurriler Gestalten.

Kleingewässer auf der Fensterbank

In einem beliebigen Stillgewässer aus der freien Landschaft oder dem Lebensraum (Groß-)Stadt mit der Pipette herumzufischen, bringt überhaupt nichts. Viel ergiebiger ist es, Schöpfproben von Fundortwasser – angereichert mit einigen Pflanzenteilen und Bodenmaterial – in verschließbaren Saftflaschen oder größeren Konservengläsern mit nach Hause zu nehmen und eine Weile auf der hellen, nicht direkt besonnten Fensterbank (Nordseite!) stehen zu lassen. Aus solchen Miniaquarien kann man dann in aller Ruhe Blattstückchen mit Aufwuchs ernten oder für die mikroskopische Durchmusterung mit der Pipette Oberflächen- oder Bodenraumproben entnehmen. Was zu sehen ist, lässt sich kaum voraussagen, denn dafür spielt der Faktor Zufall eine zu große Rolle. Außerdem entwickelt sich die kleine Lebensgemeinschaft ständig weiter und weist zeitabhängig verschiedene Besiedlungswellen auf. Als Materialquelle aussichtsreich sind übrigens auch Vogeltränken. Ab und zu sollte man die Kleinstorganismen im Fensterbank-Kleingewässer

Maßstab: Platz für wie viele? Stecknadelkopf und Einzeller

füttern – wöchentlich mit einem Tropfen Milch oder einem zerstoßenen Getreidekorn.

Aufwuchs und andere Sitzenbleiber

Schwimmen und Schweben im Plankton der Freiwasserräume ist die eine Lebensstrategie vieler kleiner und kleinster Wasserbewohner. Andere verankern sich lieber als Aufwuchs auf einer festen Unterlage, auf Stängeln und Blättern der Wasserpflanzen ebenso wie auf Holzstücken oder Steinen – von den tastenden Fingerkuppen meist nur als schleimiger Belag wahrgenommen.

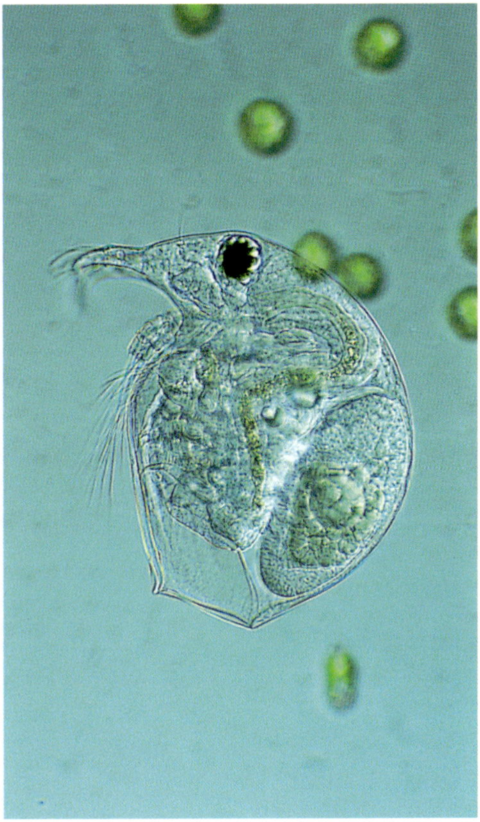

Wasserfloh: Paradeobjekt aus dem Lebensraum Wassertropfen

Wenn man ihn einfach von der Unterlage abkratzt, zerstört man allerdings seine zart gesponnenen Lebensgemeinschaften. Daher siedelt man ganze Kleinstädte gleich auf Glas an – im Freiland ebenso wie im Fensterbankaquarium: Einfach zwei Objektträger paarweise mit einem starken Gummiband aneinander befestigen, im Kleinaquarium aufstellen oder an einem genügend großen Korkstopfen als Schwimmboje aufhängen. Schon nach gut einer Woche zeigt die mikroskopische Betrachtung ausgedehnte Kleinalgenwälder, Wimpertiergebüsche oder dichte Fadengewirre mit Cyanobakterien.

Eine verfeinerte Variante dieser Aufwuchsansiedlung besteht darin, einige Deckgläser auf die Wasseroberfläche von Kleinstaquarien zu legen, wo sie die Oberflächenspannung ohne Problem trägt. Nach kurzer Zeit haben sich auf der Deckglasunterseite zahlreiche Kleinstorganismen niedergelassen. Auf diese Weise lassen sich auch schwer nachweisbare Formen erfassen.

Aufwachen aus dem Trockendock

Das Gewimmel im Gewässer faszinierte bereits Generationen von Mikroskopikern.

Geradezu legendär und immer wieder überraschend ist der sogenannte Heuaufguss („Infusum") – nach dieser Kulturmethode erhielten die im 18. und 19. Jahrhundert entdeckten Kleinstorganismen die Bezeichnung Infusorien. So geht man vor:

- Eine knappe Handvoll Heu in ein großes, zuvor mehrfach heiß ausgespültes Konserven- oder Saftglas geben
- Bis etwa 5 cm unter den Rand auffüllen mit abgekochtem, wieder auf Zimmertemperatur abgekühltem Leitungswasser, mit Regenwasser oder mit dem Wasser aus einem stehenden Freilandgewässer (Gartenteich)
- Gefäß nicht verschrauben, sondern zum Schutz vor etwaiger Geruchsbildung nur mit einer Pappscheibe bedecken
- An einem hellen Platz auf der Fensterbank aufstellen, jedoch nicht der direkten Sonnenstrahlung aussetzen (nur Nordseitenfenster!)

Hüpferlinge (Kleinkrebse) aus Planktonprobe

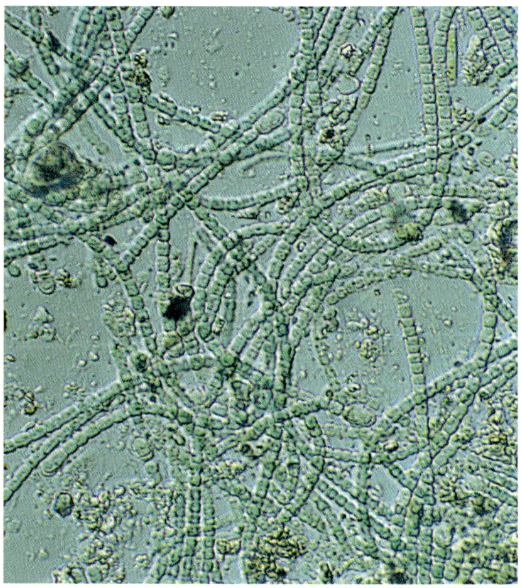

Fadenalgen aus Blumentopf-Erde

- Alternativ oder ergänzend wenige Salatblätter (gewöhnlicher Kopfsalat, jedoch vorzugsweise aus biologischem Anbau ohne vorherige Pestizidbehandlung) in abgekochtem Leitungswasser ansetzen wie beim Heuaufguß beschrieben.

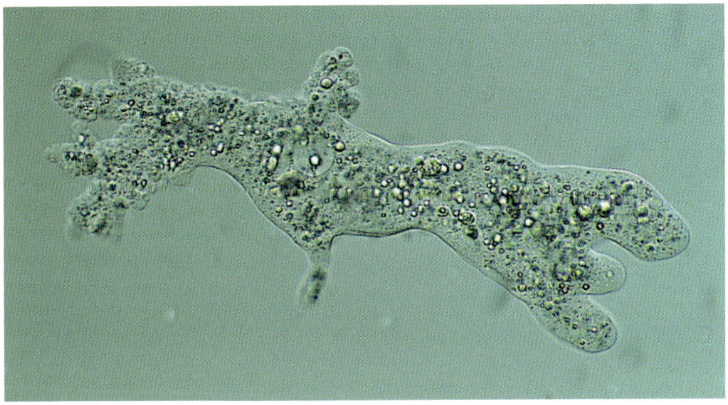
Fließende Amöbe

Zu beobachten sind neben Bakterien (diese überwiegend in der schillernden, leicht schleimigen Kahmhaut auf der Oberfläche, die sich schon nach wenigen Tagen einstellt) Wimpertiere (*Ciliophora*) sowie Rädertiere (*Rotifera*), die zu den kleinsten Mehrzellern gehören. Bei länger stehenden Ansätzen treten vor allem nach Beimpfung mit Erdproben häufig Amöben (*Sarcodina*) auf, darunter auch beschalte Formen.

Streifzüge mit feinsten Netzen

Planktonnetze aus feiner Müllergaze mit Maschenweiten von 20, 30 oder 60 µm leisten hervorragende Dienste bei der Ankonzentrierung von Organismen aus Freilandgewässern. Ob sich der Fang gelohnt hat, ist bereits im seitlich einfallenden Licht zu erkennen: Sind im Transportbehälter (Konfitürenglas, Thermosflasche o.ä.) viele zuckende Lichtpünktchen zu sehen, ist die weitere mikroskopische Untersuchung auf jeden Fall aussichtsreich. Planktonfänge sollte man grundsätzlich möglichst bald untersuchen und nicht lange stehen lassen. Eventuell kann man sie im Kühlschrank aufbewahren oder für die Weiterkultur in Fundortwasser auf der Fensterbank verwenden. Nicht mehr benötigte Proben gibt man in einen (eigenen) Gartenteich oder ein anderes benachbartes Kleingewässer. So lassen sich die jeweiligen Lokalpopulationen mit den Mitbringseln aus anderen Biotopen wirksam ergänzen.

Schraubenalge SPIROGYRA mit gedrehtem Chloroplast

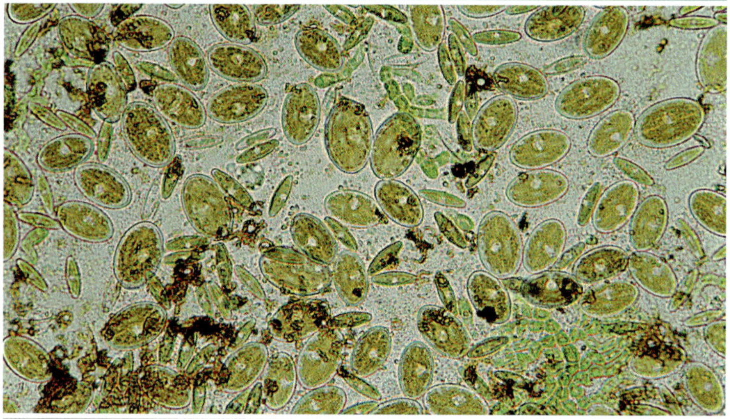

Kieselalgen (COCCONEIS) aus Aufwuchs

Sternchenalge MICRASTERIAS

Faire Behandlung für Untersuchungshäftlinge

Zur mikroskopischen Untersuchung von Aufwuchsproben oder Freilandfängen bringt man das Deckglas nicht direkt auf den Objektträger, weil die kleine Welt dazwischen beim Verdunsten des Wassers arg in die Klemme gerät oder gar zerquetscht wird. Stattdessen verwendet man als sichernden Abstandhalter ein Stück Bindfaden oder etwas Knetmasse. Einfacher geht es natürlich bei Verwendung von Objektträgern mit eingeschliffener Mulde. Diese empfehlen sich auch zur Betrachtung größerer Planktonwesen wie Ruderfußkrebschen oder Wasserflöhe.

Oft huschen die Kleinstwesen ungebärdig schnell durch das Gesichtsfeld und sind längst davon, ehe man interessante Einzelheiten wahrgenommen hat. Dann ist eine wirksame Bremse angesagt: Man rührt einen Tropfen verdünnten Tapetenkleister (Methylcellulose) in die Beobachtungsflüssigkeit und begrenzt den Bewegungsdrang mit erhöhter Viskosität.

Manchmal ist das Freiwasser von Teich oder Tümpel nicht so recht ergiebig. Äußerst lohnend ist dagegen immer der schleimige Aufwuchs, so etwa

- **Algenfäden aus dem Weggraben**
- **verrottende Stängel oder Blattstücke aus dem Teich**
- **Beläge von Rieselspuren auf Gestein**
- **bräunlich überzogene Steinchen vom Bach- und Seeufer**

Die im Dunkeln sieht man doch

Ihre volle Schönheit zeigen alle diese Proben übrigens im sogenannten Dunkelfeld: Dabei tritt das Beobachtungslicht nicht wie bei der Hellfeldtechnik von unten in die Probe, sondern von schräg oben (Auflicht) bzw. von der Seite (Streulicht). An Systemmikroskopen verwendet man dazu spezielle Dunkelfeldkondensoren. Man kann aber auch improvisieren: Äußerst hilfreich ist beispielsweise eine Glasfaserleuchte mit biegsamem Arm, und behelfsweise tut es aber auch eine entsprechend angebrachte Taschenlampe. Zum Befestigen der Lampe eignen sich Klemmhilfen, wie sie für Bastelzwecke im Handel sind. Zur Not kann man eine leichte Taschenlampe auch mit Klebeband an einer Schreibtischlampe mit biegsamem Arm befestigen. Da das Licht in diesen Fällen nur einseitig von schräg oben auftrifft, ergeben sich meist recht dramatisch wirkende Beleuchtungseffekte, die spannende Einblicke in die Räumlichkeit der oft völlig durchsichtigen Objekte erlauben.

Bakterien: Fülle mit Hülle

Der Delfter Tuchhändler Antoni van Leeuwenhoek (1632 – 1723) holte sich einfach alles vor die Linse seines noch recht primitiven Mikroskopes, was ihn interessierte. So untersuchte er unter anderem auch seinen Zahnbelag und entdeckte darin winzigste Bestandteile, von denen man heute annehmen darf, dass es Bakterien waren. Jedenfalls lassen seine Skizzen und Beobachtungsberichte, die er als Brief an die vornehme Königliche Wissenschaftsakademie in London schickte, daran eigentlich keinen Zweifel.

Zwar war ihm nicht klar, was er damit eigentlich gesehen hatte und bezeichnete sie vorläufig als „kleine Tierchen", aber er es bestand nun zumindest die Gewissheit, dass in unserem Mundraum außer abschilfernden Schleimhautzellen (vgl. Kapitel 11) auch andere geformte Bestandteile reichlich vorhanden sind. Erst im Laufe des 19. Jahrhunderts, nachdem es technisch wesentlich verbesserte Mikroskope gab, konnte sich die Bakteriologie entwickeln.

Safari zwischen den Zähnen

Auf den Spuren Leeuwenhoeks, aber mit ungleich besserer Untersuchungstechnik, präparieren wir zunächst einmal die Bakterien aus der Mundhöhle. Die Präparation ist denkbar einfach und schließt gleich den Färbevorgang ein: Mit einem Streichholz oder stumpfen Zahnstocher entnimmt man ein wenig weißliche Masse aus den Zwischenräumen der ausnahmsweise für ein paar Stunden ungeputzten Zähne und streift sie am Ende eines sauberen Objektträgers ab. Nun gibt man einen Tropfen gewöhnlicher Zeichentusche sowie einen kleinen Tropfen Wasser hinzu und verrührt die Masse. Dann zieht man sie mit einem

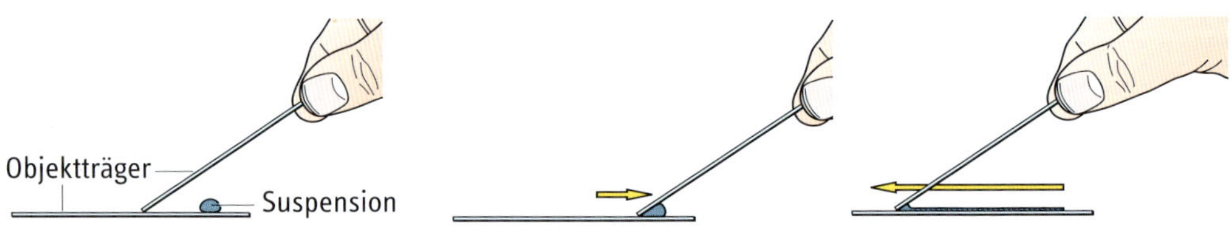

Anfertigen eines Ausstrichpräparates

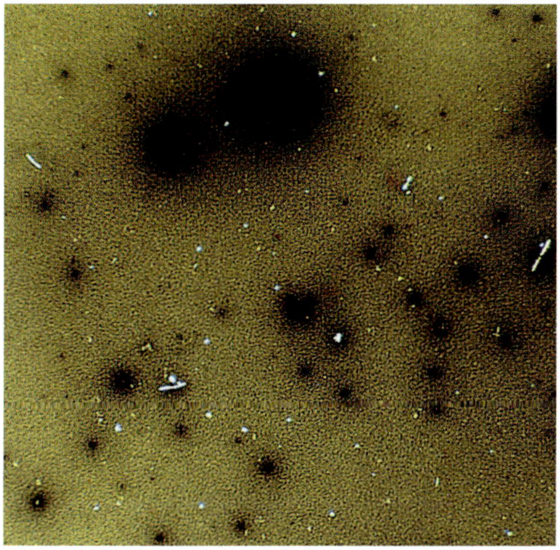

Burri-Ausstrich Zahnbelag

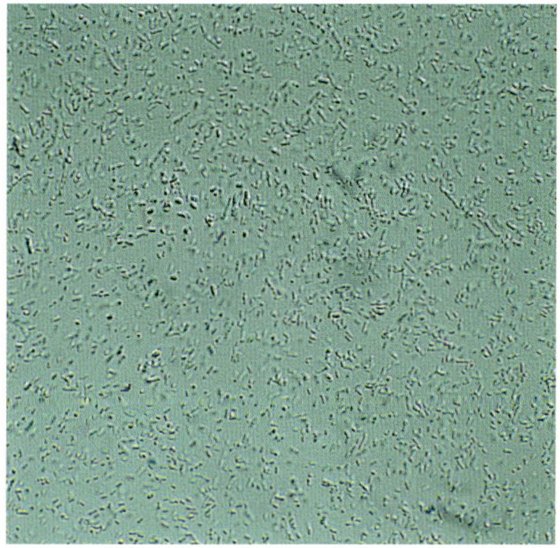

Bakterien aus der Kahmhaut

zweiten, um etwa 45 – 30° gewinkelten Objektträger in dünner Schicht so aus, wie es die Abbildung zeigt. Wichtig ist, dass man das auszustreichende Material wirklich hinter (!) dem aufgesetzten zweiten Objektträger herzieht und nicht wie beim Schneeschieben vor der Glaskante bewegt. Das so erhaltene Präparat ist ein Ausstrich. Man lässt ihn einfach staubfrei an der Luft trocknen. Anschließend ist das Präparat viele Jahre haltbar. Untersucht wird ausnahmsweise ohne Deckglas. Auf die gleiche Weise verschafft man sich einen Überblick, was uns als Bakterienbesiedlung auf der Zunge liegt. Dazu streift man mit einem sauberen Spatel ein wenig Belag von der hinteren Zungenmitte ab und verarbeitet zum Ausstrich, wie oben beschrieben.

Weil schwarze Zeichentusche im Unterschied zur Schreibtinte keine Farbstofflösung ist, sondern eine Aufschwemmung feinster Partikeln, kann sie nicht in die Zellen eindringen – die Partikeln umlagern daher die Bakterienzellen und lassen diese im mikroskopischen Bild leuchtend hell aus der braunschwarz wolkigen Umgebung der Tuscheteilchen abheben, wie helle Sterne am mondlosen Nachthimmel. Diese einfache Darstellungsmethode, auch

Für die Bakterienbetrachtung auch zu empfehlen: eine Wald- oder Gartenbodenaufschwemmung (vgl. S. 57)

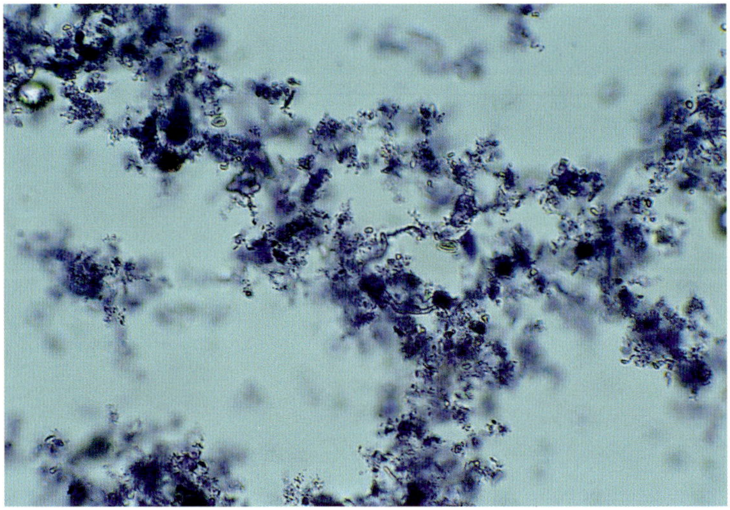

Bakterien aus Gartenbodenaufschwemmung

Burrisches Tuscheverfahren genannt, ergibt also eine Negativkontrastierung. Was sich an hellen Bildpunkten zeigt, sind ausschließlich die Mikroorganismen, denn etwaige Schmutzteilchen versinken optisch im schwärzlichen Hintergrund. Der Tuscheausstrich ist auch für die Untersuchung von Bakterien aus anderen Materialquellen brauchbar.

Ketten aus Kugeln und Stäbchen

Im mikroskopischen Bild zeigen sich nun Bakterien fast aller Grundformen – kugelige Kokken und stäbchenförmige Bazillen, wie wir sie schon bei der Untersuchung der Mundschleimhautzellen gesehen haben (vgl. Kapitel 10). Scheinbare Verzweigungen ergeben sich meist durch lockere Zusammenlagerung von Einzelzellen. Fast immer zeigen sich auch an beiden Zellenden zugespitzte oder kommaförmig gekrümmte, dazu gelegentlich auch spiralig gedrehte und vergleichsweise starre Vertreter.

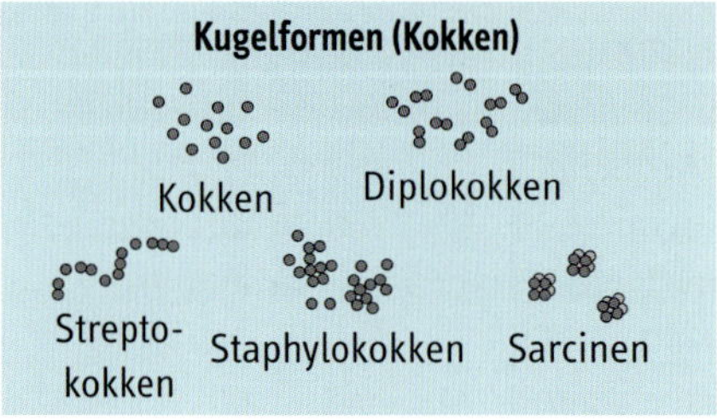

Vor allem bei entzündlichen Prozessen kann man schraubig gedrehte Bakterien gehäuft beobachten.

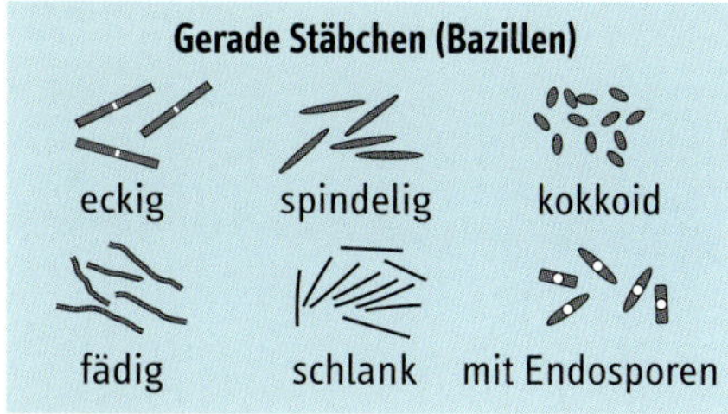

Viel mehr als die Umrisse können wir – ähnlich wie die ersten Bakteriologen des 19. Jahrhunderts – von den Bakterien nicht sehen, denn die meist unter 0,01 mm messenden Zellen sind die kleinsten Lebewesen und zeigen sich im Lichtmikroskop relativ strukturarm. Die weitaus meisten Bakterien weisen sogar nur Zellabmessungen von durchweg < 1 µm (0,001 mm) auf. Selbst auf einer Stecknadelspitze könnte man bequem ein paar tausend Bakterienzellen unterbringen. Zuverlässige Zählungen und Hochrechnungen gehen davon aus, dass in der Mundhöhle und insbesondere in den Zahntaschen ständig mehr Bakterien leben als Menschen in Eurasien. Man ist also in keinem Augenblick wirklich allein ...

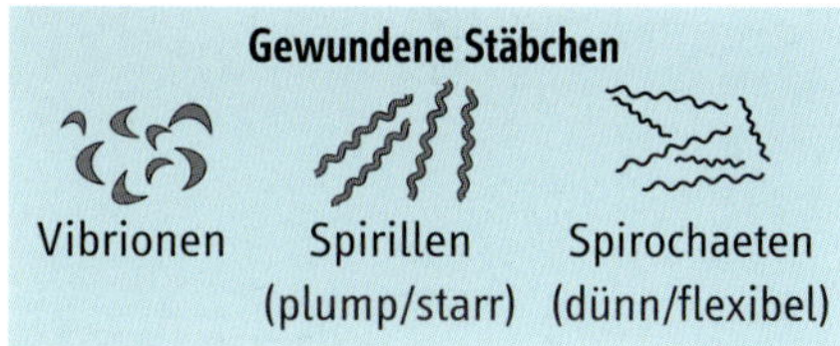

Gib ihm Saures: Milchsäurebakterien

Im Allgemeinen haben Bakterien keinen guten Ruf: Kommt die Rede auf „Bazillen", denken die meisten Menschen sofort an lebensbedrohlich gefährliche Krankheitserreger. Mit den Bakterien ist es aber wie mit vielen anderen Bereichen auch: Es gibt natürlich einige ausgesprochene Übeltäter, aber andererseits sind die meisten Bakterien in unserer Umwelt völlig unentbehrlich. Das nach einem Münchener Kinderarzt benannte Bakterium *Escherichia coli* stieg gar zum Weltstar der Molekularbiologie auf. Außerdem verdanken wir vielen Bakterien wertvolle Lebensmittel. Nur mit bakterieller Hilfe ist es möglich, leicht verderbliche Milch in haltbaren Käse umzuwandeln. Die daran mitwirkenden Milchsäurebakterien schauen wir uns jetzt einmal genauer an.

Eindrucksvolle Bakterienpopulationen sind leicht aus Sauermilchprodukten zu gewinnen: Mit einer Pipette entnimmt man eine kleine

Probe aus der Flüssigkeit auf Naturjogurt oder vom flüssigen Überstand gesäuerter Milch. Alternativ kann man auch eine winzige Portion Natursauerteig aus der Bäckerei oder einen Tropfen Sauerteig-Starter aus der Backzutatenabteilung untersuchen. Auf dem Objektträger verrührt man davon einen kleinen Tropfen mit etwas Methylenblau-Lösung (Füllertinte, vgl. Kapitel 9), deckt mit einem Deckglas ab und saugt etwaige überschüssige Flüssigkeit weg.

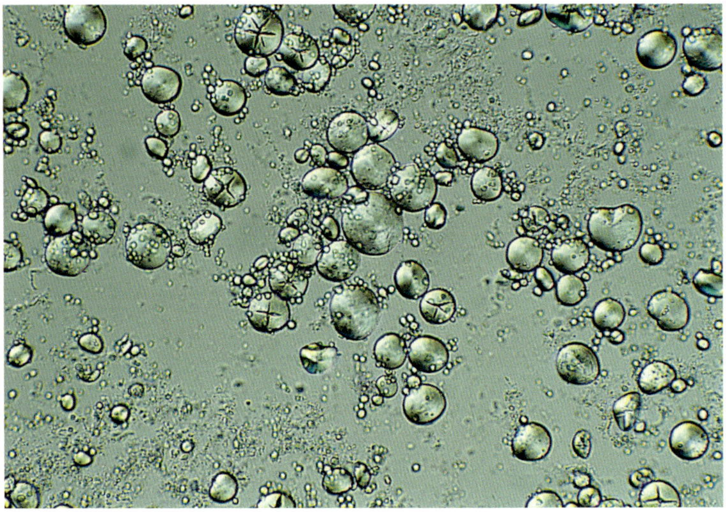

Milchsäurebakterien im Sauerteig

Die Bakterien färben sich in Methylenblau sofort tiefschwarz an und sind dann im mikroskopischen Präparat trotz ihrer Kleinheit als Kugeln oder Stäbchen leicht zu entdecken. Schon der berühmte Bakteriologe und Mediziner Robert Koch (1843 – 1910) sowie sein Schüler Paul Ehrlich (1854 – 1915) haben diesen Farbstoff bei ihren Untersuchungen erfolgreich angewendet.

Ziemlich anrüchig: Buttersäuregärer

Eine kleinere, rohe Kartoffel, an der noch Bodenteilchen haften sollten, sticht man mit einem Messer mehrfach an, legt sie in einen locker verschlossenen Glasbehälter (Konfitürenglas) und überschichtet sie mit Wasser. Die hier zu erwartenden Bakterien vertragen keinen Luftsauerstoff, sind also strikte Anaerobier. Schon nach wenigen Tagen zerfällt das Gewebe im Inneren der Kartoffel in einen rahmartigen Brei – durch die Tätigkeit sich rasch entwickelnder Bakterienmassen aus der Gattung *Clostridium*. Diese bauen die Kohlenhydratvorräte der Kartoffelstücke durch Gärung zu recht übel riechender Buttersäure ab. Wenn man das Glas vorsichtig öffnet, „duftet" es entsprechend wie eine gut durchfeuchtete Socke. Die Bakterien selbst sind mithilfe der benannten Methoden durch Burrischen Tuscheausstrich oder Direktfärbung in Methylenblau nachweisbar.

Blaugrüne Bakterien

In fast allen Gewässern und natürlich auch in unseren Fensterbankkulturen (vgl. Kapitel 14) treten Kugeln oder Ketten von eigenartig blaugrüner Färbung auf: Es sind die typenreichen Blaugrünbakterien (Cyanobakterien), die wie die Algen photosynthetisch aktiv sind und deswegen lange Zeit als Blaualgen bezeichnet wurden. Es sind eindeutig Bakterien, denn im Unterschied zu den echten Algen fehlt ihren Zellen der Zellkern. Vor allem einige Verwandtschaftsgruppen der fädigen Cyanobakterien zeigen im mikroskopischen Bild auffällige Kriech- oder Pendelbewegungen.

Viele fädige Cyanobakterien sind nicht stocksteif, sondern kriechen und krümmen sich. Die „Pendelalge" Oscillatoria erhielt danach ihren Namen.

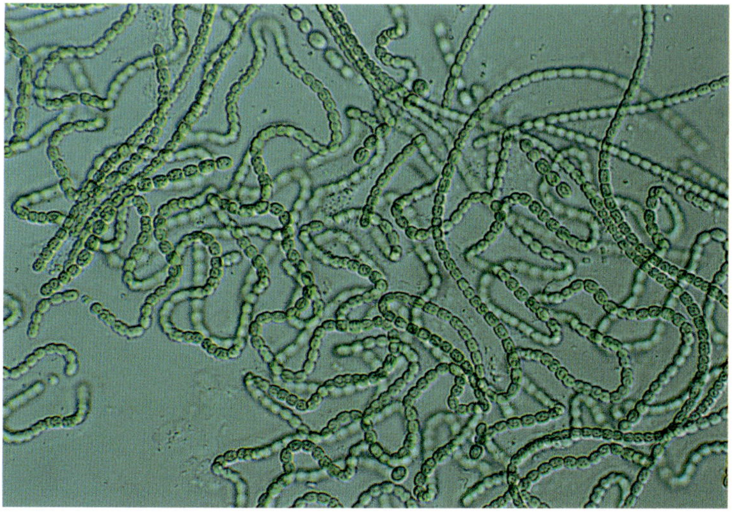

Fädige Blaugrünbakterien aus Gartenteich

Auf des Messers Schneide

Die bisher bearbeiteten Objekte waren meist so klein, dass sie in einen Wassertropfen passten oder leicht in entsprechende Kleinstportionen zu zerlegen waren. Möchte man dagegen den mikroskopischen Aufbau größerer Objekte kennenlernen, beispielsweise den inneren Aufbau eines Pflanzenstängels, muss man seinen Untersuchungsgegenstand buchstäblich ans Messer liefern: Mit einer Rasierklinge hebt man vom betreffenden Pflanzengewebe superdünne Scheibchen ab, die transparent genug sind, um von der Lichtquelle des Mikroskops wie ein buntes Glasfenster durchstrahlt zu werden.

Einschneidende Maßnahmen

Die Schneideprozedur ist im Prinzip einfach, erfordert aber ein wenig Geduld und vor allem Übung. Als Objekt wählen wir einen möglichst festen, nicht allzu nachgiebigen Pflanzenstängel (= Sprossachse) aus, beispielsweise von Brombeere, Efeu, Hopfen, Mais, Tulpe, Schwertlilie, Sonnenblume, Taubnessel oder was sonst gerade an Wild- oder Zierpflanzen zur Hand ist. Mit einem Skalpell oder Taschenmesser schneidet man ein Stängelende gerade, d.h. genau senkrecht zu seiner Längsachse ab (vgl. Abbildung).

Jetzt kommt der entscheidende Teil: Die Schneide einer neuen Rasierklinge setzt man nun in ganz flachem Winkel auf die frische Schnittfläche des Stängelendes und zieht sie unter mäßigem Druck nach schräg vorne auf sich zu. Auf keinen Fall sollte man das Schneidewerkzeug von sich weg durch das Objekt drücken oder den Stängel wie

Zu dicke Schnitte sind nicht transparent und erscheinen daher im Gesichtsfeld nahezu schwarz.

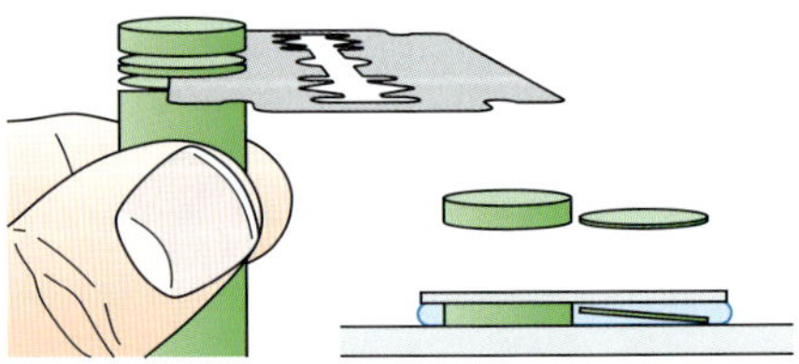

Dünne Schnitte neben zu dicken unter dem gleichen Deckglas liegen nicht plan. Unbrauchbare Schnitte daher vorher entfernen.

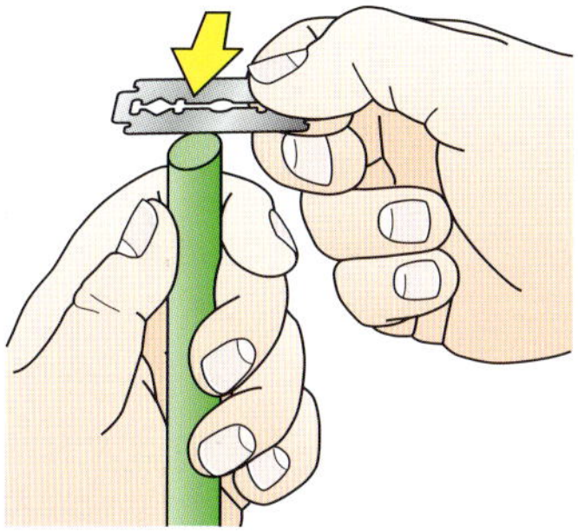
Schiefe Ebenen ergeben verschwommene Querschnittbilder

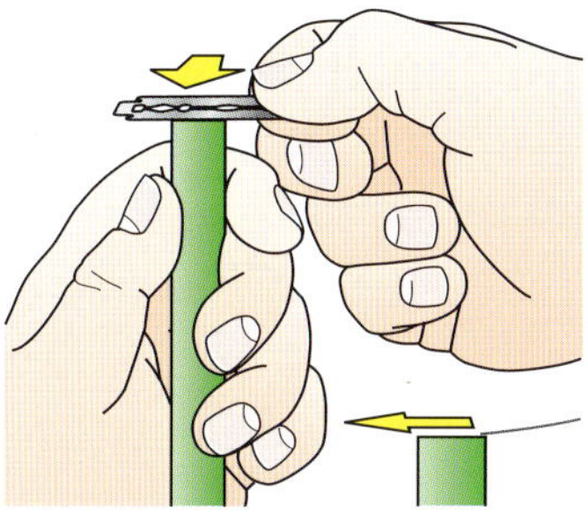
Rasierklinge flach ansetzen und unter mäßigem Druck nach schräg vorne ziehen

Nur eine gerade Schnittebene genau senkrecht zur Längsachse ergibt klare Querschnittbilder

Richtige Messerhaltung beim Querschneiden

beim Gurkenschnippeln auf einer Unterlage aufbocken – solche Schneideabläufe erinnern eher an Holzhacken und liefern mit Sicherheit keine befriedigenden Ergebnisse. Natürlich ist nicht zu erwarten, dass schon der erste Schnitt ein Meisterstück ist, aber der zehnte oder zwanzigste könnte technisch in Ordnung sein. Es ist übrigens auch nicht nötig, dass man einen vollständigen Querschnitt anfertigt – ein kleines dünnes Teilstück vom Stängel genügt für die Untersuchung.

Kinder lassen sich beim Anfertigen von Schnitten von einem Erwachsenen helfen!

Je dünner ein Schnitt durch ein Pflanzengewebe ist, umso besser – und umso weniger löst er sich von der Schneide der Rasierklinge. Man überträgt ihn daher mit einem feinen Malpinsel in die Untersuchungsflüssigkeit, entweder Wasser oder eine Färbelösung – der Griff mit der Pinzette würde die zarten Zellverbände eventuell

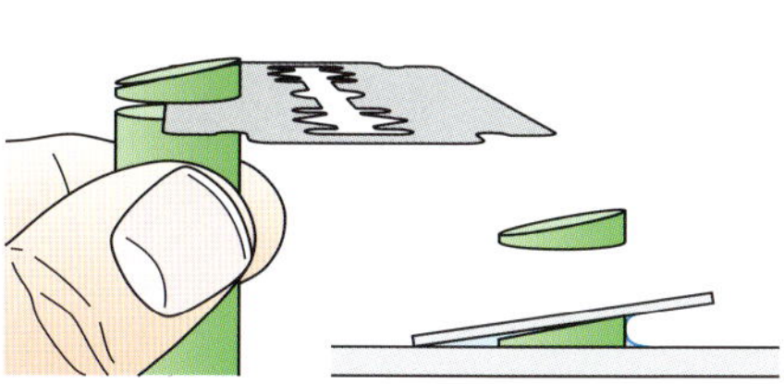
Auf Keilschnitten bildet das Deckglas eine schiefe Ebene.

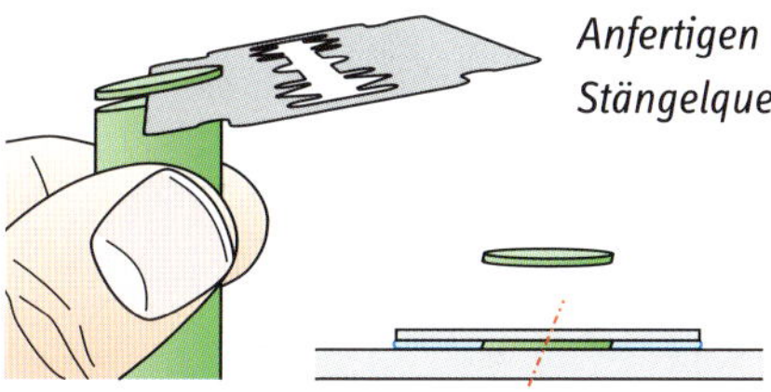
Der Schnitt wurde zwar parallel geführt, bietet aber nur verschwommen erscheinende Bilder.

Anfertigen eines Stängelquerschnitts

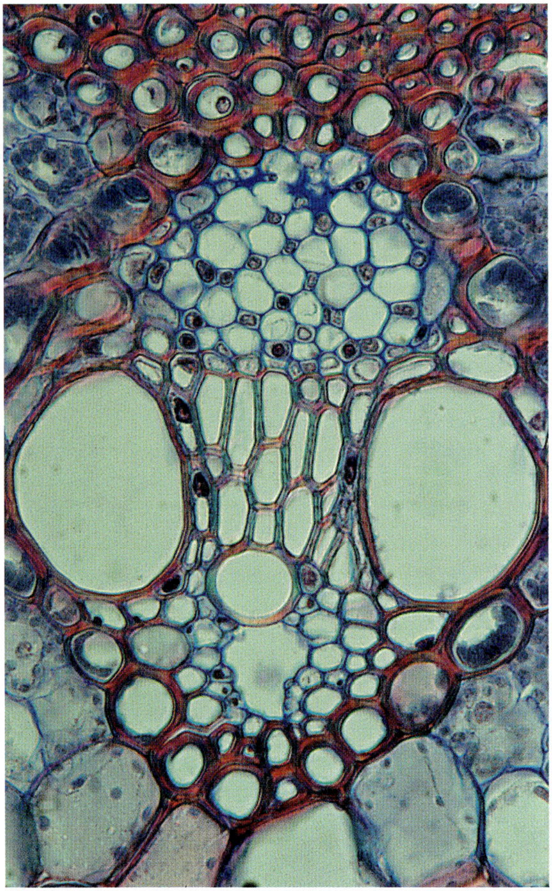

Leitbündel aus dem Maisstängel

zerquetschen. Ob der Schnitt tatsächlich dünn genug ist, zeigt sich bereits beim Auflegen eines Deckglases: Wackelt es bedenklich oder liegt es total schief auf wie ein Pultdach, sollte man ihn lieber gleich verwerfen. Mit ein wenig Training ist es durchaus möglich, Schnitte von deutlich weniger als 10 µm Dicke hinzubekommen.

Farbenzauber

Schon der ungefärbte Schnitt zeigt den Pflanzenstängel als komplexes Maschen- und Netzwerk unterschiedlicher und verschieden großer Zellen. Noch eindrucksvoller stellt sich ein Querschnitt allerdings nach Anfärbung dar. Die bisher verwendeten Färbelösungen (Methylenblau, Lugolsche Lösung) sind für Pflanzengewebe allerdings nicht besonders ergiebig. Daher besorgt man sich aus dem Fachhandel (Fa. Chroma, vgl. S. 19) oder gegebenenfalls aus der Apotheke die Färbelösung Etzolds Gemisch (Chroma-Bestellnummer 2C-275).

Man legt seine Schnitte in Etzolds Gemisch oder zieht diese Lösung unter dem Deckglas durch (vgl. Kapitel 7). Eventuell lässt sich überschüssige Farblösung mit Wasser auswaschen. Unverholzte Zell-

@ Für viele Zwecke genügt auch eine wässrige Lösung von Astrablau (beziehbar bei www.biologie-bedarf.de unter „Mikroskopie“).

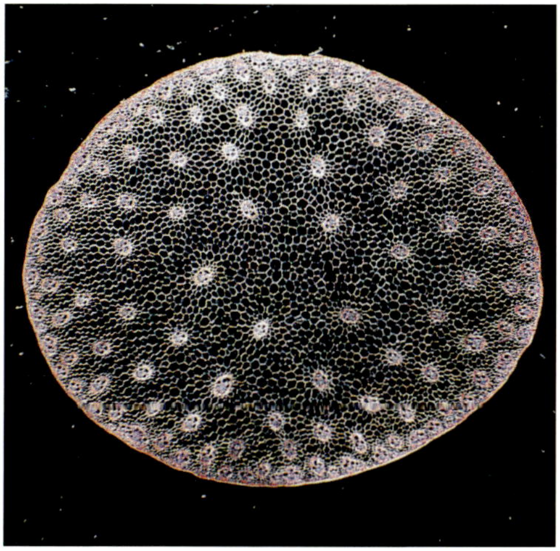

Mais: Zerstreute Anordnung der Stängel-Leitbündel – typisch für Einkeimblättrige

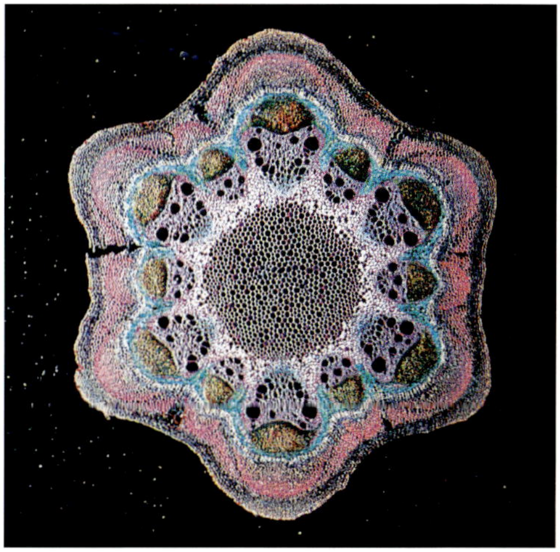

Waldrebe: Ringförmige Anordnung der Stängel-Leitbündel – typisch für Zweikeimblättrige

wände aus Zellulose zeigen sich nun kräftig blau. Verholzte Zellwände färben sich je nach Verholzungsgrad in Abstufungen intensiv rot, wie es das nebenstehende Bild eines gefärbten Querschnitts durch einen Maisstängel zeigt.

Eine kleine Stielkunde

Außer der meist kleinzelligen Rinde und dem größerzelligen, dünnwandigen Mark fallen im Querschnittbild eines Pflanzenstängels als stark gefärbte Inseln die verschiedenen Leitbündel auf. Bei den einkeimblättrigen Pflanzen (Grünlilie, Mais, Schwertlilie, Tulpe, Mais) sind die zahlreich vorhandenen Bündel unregelmäßig über den gesamten Stängelquerschnitt verteilt, wobei sie fallweise zur Außenseite etwas dichter stehen. Bei den Vertretern der Zweikeimblättrigen (Brombeere, Efeu, Hopfen, Sonnenblume, Taubnessel, Waldrebe) bilden die Leitbündel einen mehr oder weniger geschlossenen Ring zwischen Rinde und Mark. Das räumliche Verteilungsbild der Leitbündel ist somit ein für die jeweilige Pflanzenverwandtschaft typisches Merkmal.

Leitbündel sind pflanzliche Pipelines – entweder für das Wasser aus dem Boden oder den Zuckersaft aus den Blättern.

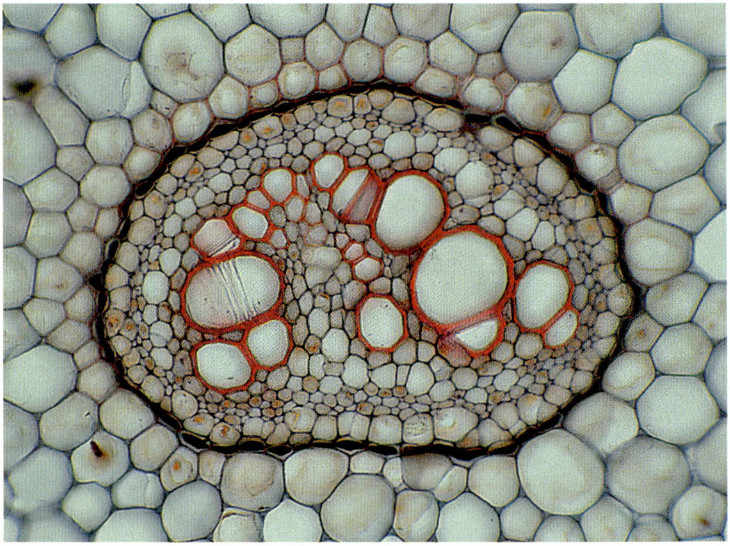

Adlerfarn: Leitbündel im Wedelstiel. Auf dem Stielquerschnitt sind mehrere solcher ringförmiger Leitbündel verteilt.

Stängel- und Wurzelleitbündel bestehen immer aus mehreren Geweben mit verschiedenen Spezialaufgaben.

Während die Rinde den Stängel nach außen abdichtet und das Mark oft Speicheraufgaben übernimmt, stehen die Leitbündel im Dienst der Stoffleitung innerhalb der Pflanze. Die großen, jeweils auf der Innenflanke des Bündels liegenden großen Öffnungen, deren Wände durch Etzolds Gemisch rot gefärbt wurden, sind Anschnitte von Röhren, die dem Wasser- und Mineralsalztransport von den Wurzeln zu den Blättern dienen. Sie bilden den sogenannten Gefäßteil des Leitbündels. Innen stehen zur Außenflanke des Leitbündels die viel kleineren, von Etzolds Gemisch blau gefärbten Siebröhren gegenüber, die den in den Blättern gebildeten Zucker in der gesamten Pflanze verteilen und beispielsweise den Speicherorganen (Wurzelknollen, Früchte) zuführen. Außerdem gehören zum Leitbündel Gruppen besonders dickwandiger Zellen von vergleichsweise geringem Durchmesser. Es sind typische, im funktionstüchtigen Zustand tote Fasern, die nur noch der Festigung der schlanken Stängel dienen, damit diese bei elastischer Verbiegung der Achsen (beispielsweise bei Wind) nicht durch Scherkräfte zerdrückt werden. Sie lassen die schwankenden Pflanzen anschließend wieder in die aufrechte Normalposition zurückkehren.

Loch an Loch und hält doch

Jede Großstadt liefert den Beweis: Menschliche Ingenieurkunst hat mancherlei himmelstürmende Architektur in die Welt gesetzt – turmhohe Wolkenkratzer und tragende Brückenpfeiler, Schwindel erregende Fabrikschlote und gertenschlanke Fernmeldetürme. Gertenschlank? Eigentlich müsste jeder Konstrukteur erblassen, wenn er einmal den Vergleich mit den statischen Meisterleistungen von Pflanzenstängeln anstellt. Setzt man Basisdurchmesser und Gesamthöhe eines Bauwerks zueinander ins Verhältnis, erhält man den sogenannten Schlankheitsgrad: Er beträgt beim 211 m hohen und 11 m dicken Stuttgarter Fernsehturm, dem ersten Bauwerk dieser Art, etwa 19. Eine Palme besitzt dagegen den Schlankheitsgrad 60. Beim Bambus beträgt er 130, beim Zuckerrohr 200 und beim 1,5 m hohen, aber nur 3 mm dicken Roggenhalm sogar 500. Die Statik von Grashalmen oder anderen schwankenden Rohren im Wind übertrifft menschliche Technik somit um Größenordnungen. Noch erstaunlicher ist jedoch, dass ein solcher Pflanzenstängel fast nur aus einem löchrigen und lockermaschigen Zellgefüge besteht. Jeder Stängelquerschnitt liefert uns davon ästhetisch ungemein ansprechende Beispiele. Auch Querschnitte durch verdickte Wurzeln zeigen meist recht eindrucksvolle Zell- und Gewebeanordnungen.

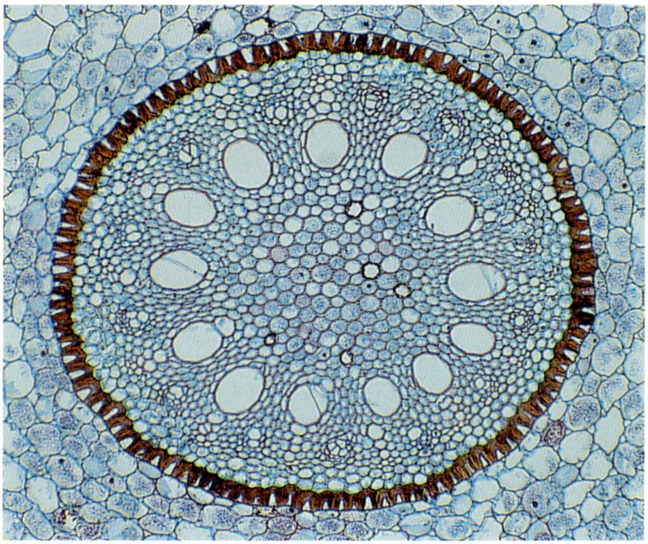

Schwertlilie: Zentrales Leitbündel aus der Wurzel

Platt wie ein Blatt

Zumindest auf den meisten ihrer Kontinente ist die Erde ein grüner Planet. Grüne Pflanzen bestimmen dort weithin das Gesicht der Landschaften, aber selbst in betont unwirtlichen Gegenden wie der Antarktis wachsen Blätter tragende Blütenpflanzen. Der biologische Auftrag von Laubblättern ist klar umrissen: Sie haben sich ins rechte Licht zu setzen und flächig auszubreiten, um möglichst viel Sonnenstrahlung für die photosynthetische Stoffproduktion einzufangen. Gleichzeitig sind selbst langstielige Laubblätter staunenswerte Flächentragwerke. Es ist nahezu unmöglich, ein normal großes Scheunentor vergleichbar stabil auf einem dünnen Besenstiel zu befestigen.

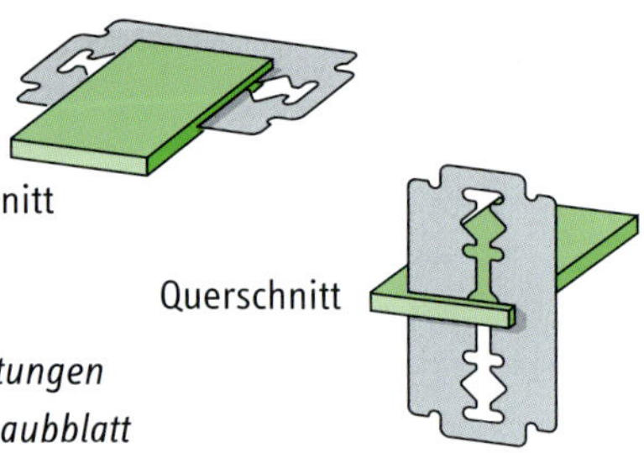

Schnittrichtungen durch ein Laubblatt

Blätter in der Klemme

Den inneren Aufbau eines normalen Laubblattes mit seinen verschiedenen Zellschichten erkennt man nur im Schnittbild. Nun kann man ein vergleichsweise dünnes Blatt schneidetechnisch nicht ganz so einfach handhaben wie ein kompaktes Stängelstück, das man zur Hand nimmt und in Scheibchen zerlegt. Also verwendet man eine hinreichend feste Schneidehilfe, in die man ein kleines Blattstückchen einklemmt. Früher verwendete man dazu Holundermark. Später ging man zu Styropor oder vergleichbare Hartschäume über, die aber allesamt den Nachteil haben, die Schneide einer Rasierklinge schon nach kurzer Zeit erbarmungslos abzustumpfen.

Ein schlechthin optimales Hilfsmaterial ist dagegen eine simple Mohrrübe (Möhre, Karotte). Man schneidet sie längs um etwa ein Drittel ein, wie es die Abbildung zeigt, und klemmt ein etwa 0,5 x 1 cm großes Blattstückchen (ohne größere Blattrippe) einfach zwischen die beiden Backen. Die Schnittführung sollte so erfolgen, dass die Rasierklinge immer von der dunkler grünen Blattoberseite her in das Objekt eindringt. Im Allgemeinen liefern auf diese Weise angefertigte Handschnitte recht brauchbare Ergebnisse. Bei schwacher Vergrößerung sucht man

Bereiche auf, in denen die Blattgewebe hellgrün erscheinen. Ist der Schnitt zu dick, zeigt sich nur dunkelgrünes Dickicht. Eventuell fällt ein zu dicker Querschnittstreifen auf dem Objektträger um und zeigt dann nur eine Flächenansicht.

Ober- und Unterschichten

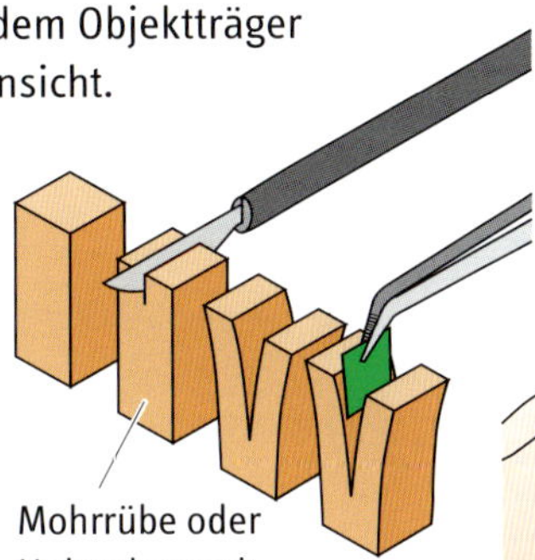

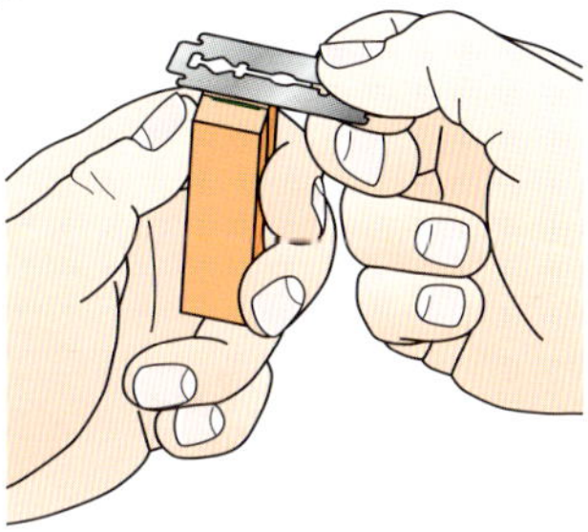

Dünne Objekte wie ein Blattstückchen klemmt man in eine Schneidehilfe ein.

Wenn man ein etwas dickeres Laubblatt beispielsweise von Alpenveilchen, Efeu, Flieder oder Schneerose quer schneidet, erkennt man schon bei mittlerer Vergrößerung, dass die grünen Blattgewebe sich auf zwei unterschiedliche Lagen verteilen: Die obere Schicht besteht aus vergleichsweise schmalen, dicht stehenden Einzelzellen, die man zusammen als Palisadenparenchym bezeichnet. Ein Interzellularensystem (siehe nächste Seite) ist hier kaum ausgebildet. Obwohl die Palisadenparenchym gewöhnlich einlagig ist, können manche Pflanzen auch abweichende Modelle entwickeln. Im Efeu-Blatt findet man immer eine zwei- bis dreischichtige Lösung.

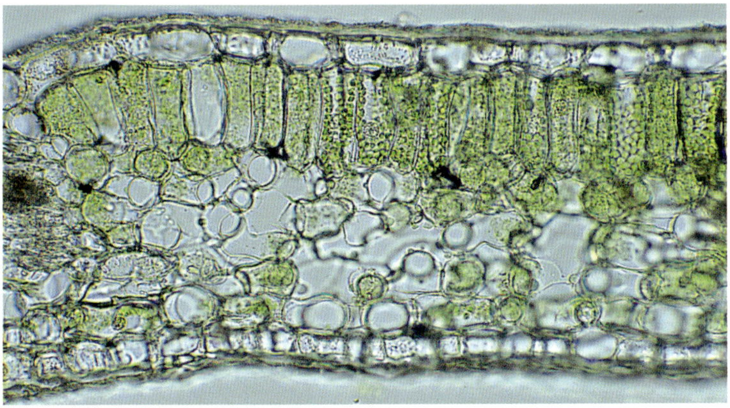

Garten-Schneerose: Querschnitt durch das Laubblatt mit Stockwerkbau

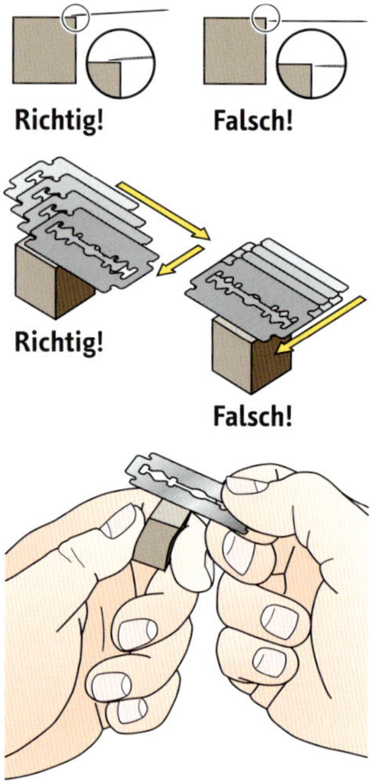

Das zur Blattunterseite orientierte grüne Parenchym ist dagegen aus Zellen von ganz anderer Gestalt und mit deutlich weniger Chloroplasten aufgebaut. Zwischen den rundlichen oder mehrarmigen Zellen breitet sich zudem ein ausgedehntes Labyrinth großer Zellzwischenräume (Interzellularen) aus – das Gewebe erscheint löchrig wie ein Schwamm und heißt entsprechend Schwammparenchym. Die unterschiedliche Farbdichte der beiden grünen Zellschichten erklärt die Unterscheidbarkeit der dunkleren Blattober- und der helleren Blattunterseite. Daran knüpft die Bezeichnung bifazial („zweigesichtig“) für diesen weit verbreiteten Blattbautyp an. Beim äquifazialen Bautyp, wie man ihn in den Blättern etwa von Schwertlilie, Gladiole, Tulpe oder Maiglöckchen findet, gibt es kaum Unterschiede in den grünen Zellschichten.

Schaufenster ins Grüne

Ober- und unterhalb der grünen Parenchymzellen tragen die Blätter je eine abdichtende Zellschicht, die Epidermis. Ihre

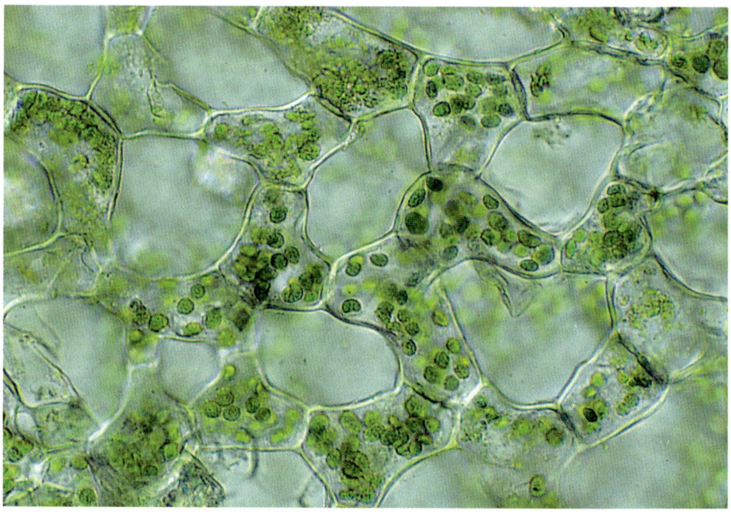

Efeu: Flächenschnitt durch die Blattunterseite mit Schwammgewebe

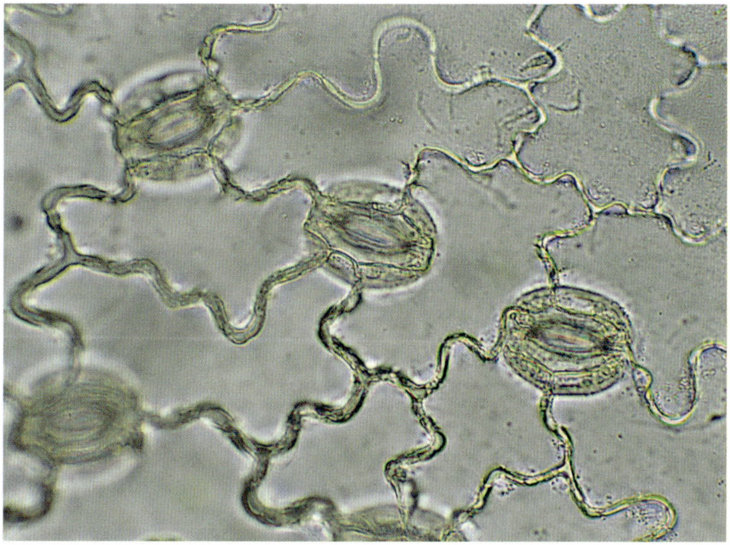

Garten-Schneerose: Zerstreute Spaltöffnungen auf der Blattunterseite

Außenwände sind besonders dick und dichten die inneren Blattgewebe gegen Wasserverlust ab. Dazu sind sie mit einer Wasser abweisenden Wandschicht (Cuticula) ausgestattet, die auch Faltenzüge, Höcker oder Wülste aufweisen kann.

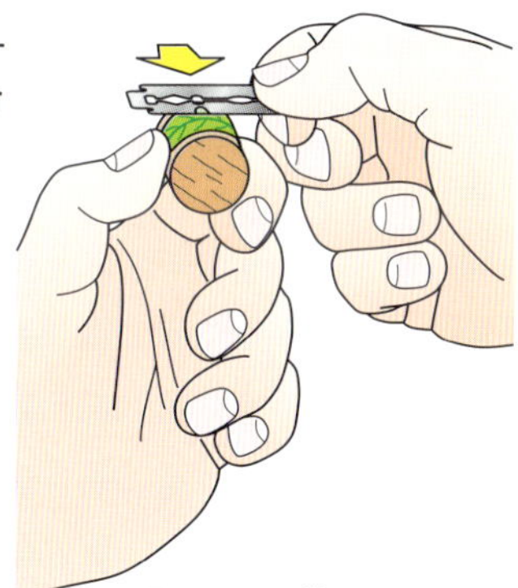

Zur Herstellung von Blattflächenschnitten wickelt man das Objekt um einen Flaschenkorken und führt die Rasierklinge sehr vorsichtig oberflächenparallel.

Die Epidermiszellen sind durchsichtig wie eine Fensterscheibe, denn schließlich soll möglichst viel Licht bis zu den Chloroplasten im Parenchym vordringen können. Gewöhnlich bilden die Epidermiszellen interessante Muster, die wir uns jetzt einmal genauer ansehen. Dazu fertigt man jeweils einen dünnen Flächenschnitt durch die Blattoberseite und die -unterseite an: Ein Blattstück ohne größere Rippe wird straff über den Zeigefinger gespannt und mit Daumen und Mittelfinger so festgehalten, dass man mit der Rasierklinge unter flachem Winkel dünne Scheibchen abheben kann. Alternativ kann man die Blattstückchen auch über einen Flaschenkork wickeln. Die Schnitte werden mit der Wundseite nach unten auf den Objektträger gelegt und untersucht.

Zebrakraut: Einzelne Spaltöffnung

Schwertlilie: Spaltöffnungen in Längsreihen

Nur die Epidermis der Blattunterseiten enthält bei den meisten Pflanzen zahlreiche Spaltöffnungen, die den Gasaustausch mit der Atmosphäre besorgen. Sie bestehen aus jeweils zwei länglichen bis bohnenförmigen Schließzellen, die ausnahmsweise Chloroplasten enthalten. Druckänderungen in der Vakuole lassen einen zwischen den Schließzellen liegenden Spalt enger oder weiter werden, wodurch das Blatt das Ein- und Ausströmen von Stoffwechselgasen regulieren kann und gleichzeitig kritische Wasserverluste zu vermeiden versucht.

In die Haare geraten

Ein unerschöpfliches Thema sind Pflanzenhaare, fachmännisch Trichome genannt. Außer auf den Blättern kommen sie auch an Stängeln sowie Blatt- und Blütenstielen vor. Haare erfüllen höchst unterschiedliche Funktionen: Dichter Haarbesatz bietet zusätzlichen Schutz vor Wasserstress oder eine Barriere gegen intensive Sonnenstrahlung. Als Drüsenhaare geben sie Sekrete ab. Die Brennhaare der Brennnesseln, eingelassen in mehrzellige Höcker

Besonders interessante Haare finden sich beispielsweise bei Beinwell, Feuer-Bohne, Fingerhut, Garten-Thymian, Huflattich, Kletten-Labkraut, Königskerzen, Levkoje, Malven, Ölweide, Pelargonie, Salbei, Sanddorn, Schwarze Johannisbeere, Stinkender Storchschnabel, Tabak oder Wald-Sauerklee.

(= Emergenzen), sind Teil der pflanzlichen Fressfeindabwehr – sie enthalten mehrere biologisch hochwirksame Substanzen.

Die Präparation der Haare ist denkbar unproblematisch. Dünne Querschnitte von haarbesetzten Blättern (oder anderen Organen) zeigen die Verankerung der verschiedenen Haarformen in der Epidermis, während Flächenschnitte eher ihre räumliche Verteilung erkennen lassen. Oft genügt auch das vorsichtige Abschaben von (angetrockneten) Blättern mit Skalpell oder Rasierklinge, um eine größere Anzahl hübscher Haare auf dem Objektträger zu versammeln. Bei mehrzellig-verzweigten Haaren ist die Untersuchung in etwas Wasser empfehlenswert, dem man einen Tropfen Spülmittel beigemischt hat – so lassen sich störende Luftblasen leicht vertreiben.

Für die mikroskopische Betrachtung von Pflanzenhaaren empfiehlt sich (auch) die Schiefe Beleuchtung (vgl. S. 87).

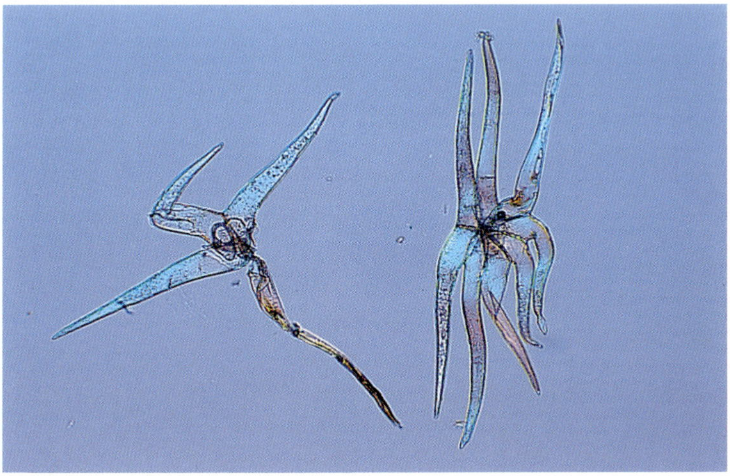

Efeu: Sternhaare von der Sprossachsenspitze

Brett vor dem Kopf

Holz ist eine typische Erfindung landlebender Pflanzen. Zum ersten Mal trat eine massive Verholzung von Zellwänden zur mechanischen Versteifung von Geweben vor rund 400 Millionen Jahren bei einfachen Farnen auf.
Zur Perfektion gebracht haben es die Blütenpflanzen. Zwar besitzen auch krautige Pflanzen in ihrem Leitgewebe verholzte Bestandteile, aber nur bei Sträuchern und Bäumen stellt die Holzmasse den größten Teil der Pflanze dar, der Jahrhunderte und manchmal sogar Jahrtausende überdauern kann.

Holz stützt und stabilisiert eine Pflanze so, dass sie sich dauernd aufrecht halten kann. Seine zweite Aufgabe besteht in der Wasserleitung von den Wurzeln bis zur Wipfelregion – manchmal ein Weg von über 100 m Länge.

Holzschnitte

Im Mikroskop ist Holz in drei Ansichten sehenswert – im Querschnitt und in den beiden Längsschnitten, einerseits radial entlang der Markstrahlen, die das Stammzentrum mit den Außenlagen verbinden, und außerdem tangential in oberflächenparallelen Serien (vgl. Abbildung). Vor dem Schneiden weicht man die Holzprobe (kleine Stücke von 3 x 1 cm) einige Stunden in Wasser ein und führt die Schnitte entsprechend der Abbildung wie beim Stängelquerschnitt mit der Rasierklinge jeweils im flachen Winkel. Die fertigen Schnitte kann man wiederum in Etzolds Gemisch färben (Kapitel 16). Der Lehrmittelfachhandel bietet Fertigpräparate an, die unter dem gleichen Deckglas alle drei Schnitte zeigen.

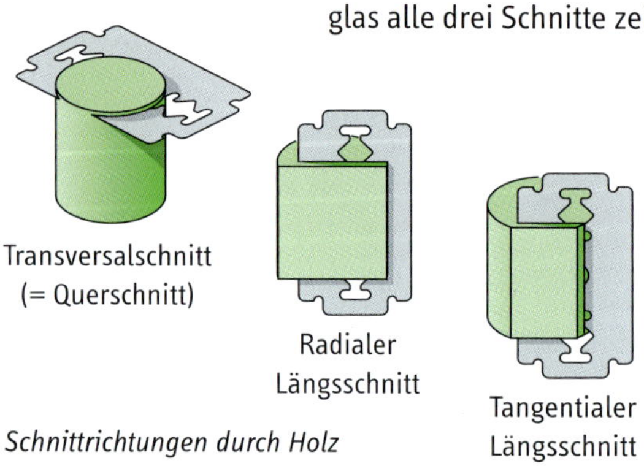

Schnittrichtungen durch Holz

Das Querschnittbild durch einen Zweig lässt von der klaren Anordnung der einzelnen Leitbündel eines krautigen Pflanzenstängels nicht mehr viel erahnen. Durch jahrelanges Dickenwachstum sind die ursprünglichen Leitbündel buchstäblich an den Rand gedrängt worden. Anstelle ihres Gefäßteils nimmt jetzt ein umfangreicher

Zylinder aus verholzten Zellen das Zentrum der Sprossachse ein – man nennt sie zusammen sekundäres Xylem oder Holzteil. Außerhalb eines Ringes mit teilungsfähigen Zellen (= Kambium) liegen die Folgegewebe des ursprünglichen Siebteils, zusammenfassend als sekundäres Phloem oder Bast bezeichnet.

Einfache Typen

Zum genaueren Kennenlernen des komplexen Holzaufbaus eignet sich am besten das Holz der Nadelbäume, denn es ist etwas einfacher als das der hoch entwickelten Laubbäume. Nadelholz besteht nämlich nur aus Tracheiden. Das sind mehrere Millimeter lange und im fertigen Holz tote Zellen, die an beiden Enden spitz zulaufen. Sie stellen den ursprünglichsten Typ wasserleitender Zellen in den Ferntransportbahnen dar.

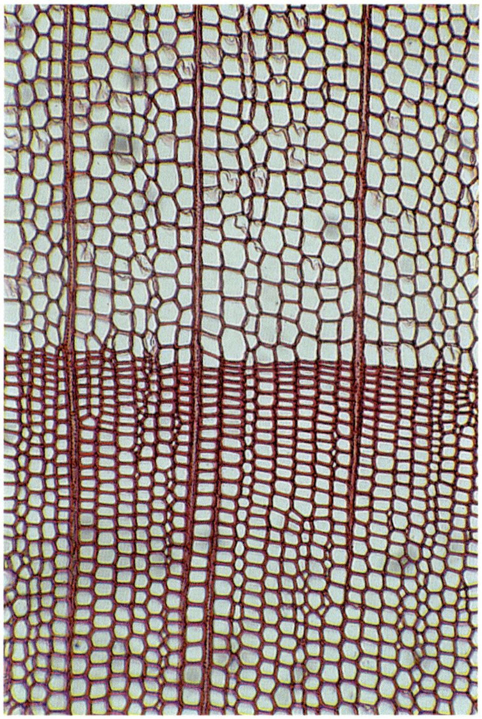

Gewöhnliche Fichte: Querschnitt im Bereich einer Jahresgrenze

Im mitteleuropäischen Klima setzt jeweils im Frühjahr (Monatswende April/Mai) die Bildung neuer Tracheidengewebe ein: Ein Querschnitt durch das Holz von Fichte, Kiefer oder Tanne zeigt, dass das Teilungsgewebe (Kambium) nach der Herbst- und Winterruhe zunächst besonders weitlumige und dünnwandige Tracheiden anlegt. Das Ergebnis ist ein helles, lichtes Frühholz. Zum Spätsommer bzw. Frühherbst werden die Tracheiden dagegen zunehmend englumiger und dickwandiger und bilden das dunklere, kompakte Spätholz. Zum Frühholz der nachfolgenden Wachstumsperiode grenzt es sich scharf ab – die jährliche Wachstumsgrenze, Jahresgrenze genannt, ist zellgenau anzugeben. Die komplette Folge vom Früh- bis zum Spätholz bezeichnet man als Jahrring. Jedes Jahr legt der wachsende Baum einen

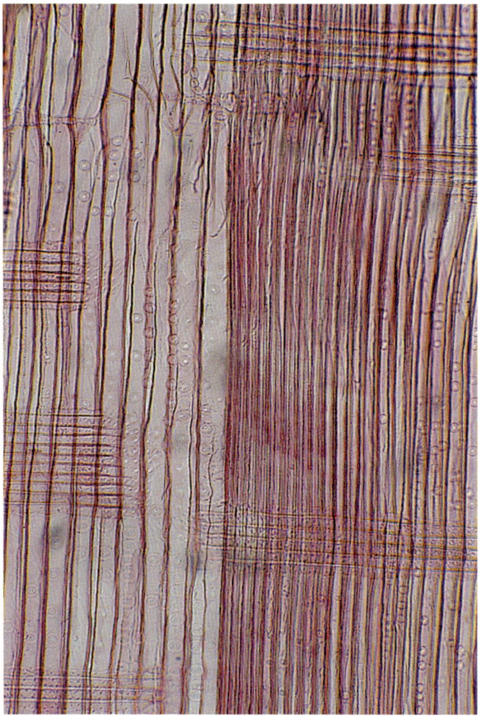

Gewöhnliche Fichte: Radialer Längsschnitt im Bereich einer Jahresgrenze

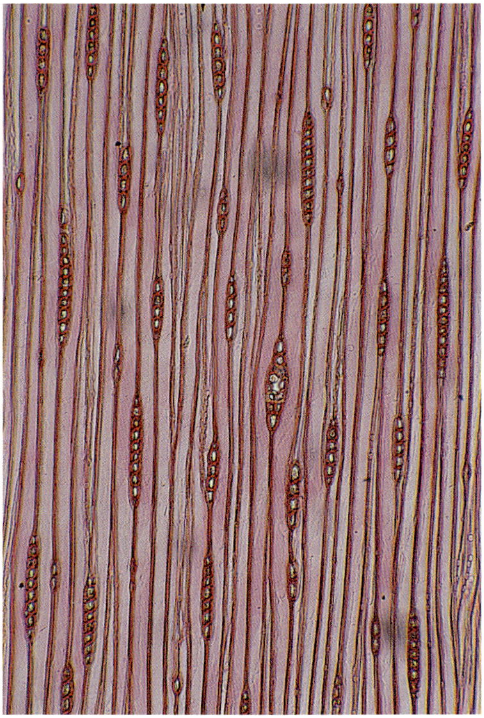

Gewöhnliche Fichte: Tangentialer Längsschnitt mit zahlreichen Markstrahlen

neuen Ring an, genauer einen Zylinder, der die älteren Jahreszuwächse jeweils ummantelt.

Vielfältiges Laubholz

Holz besteht auch im lebenden Baum überwiegend aus toten Zellen.

Laubholz ist im Gewebeaufbau ungleich vielgestaltiger als Nadelholz. Sichtbarer Ausdruck dafür ist, dass das Wasserleitungssystem der Laubbäume nicht ausschließlich aus Tracheiden besteht, sondern wie das Leitbündel eines krautigen Bedecktsamers Leitbahnen in Form besonderer Gefäße (Tracheen) aufweist (vgl. Kapitel 16). Einen noch vergleichsweise einfachen Holzaufbau zeigt die Rot-Buche. Ihr Holz enthält zwar schon die zu langen Röhren aus-

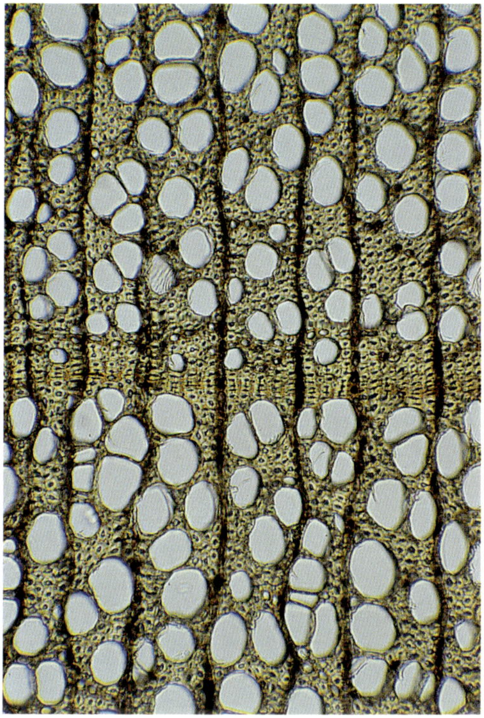

Rot-Buche: Querschnitt durch ein zerstreutporiges Laubholz, ungefärbt

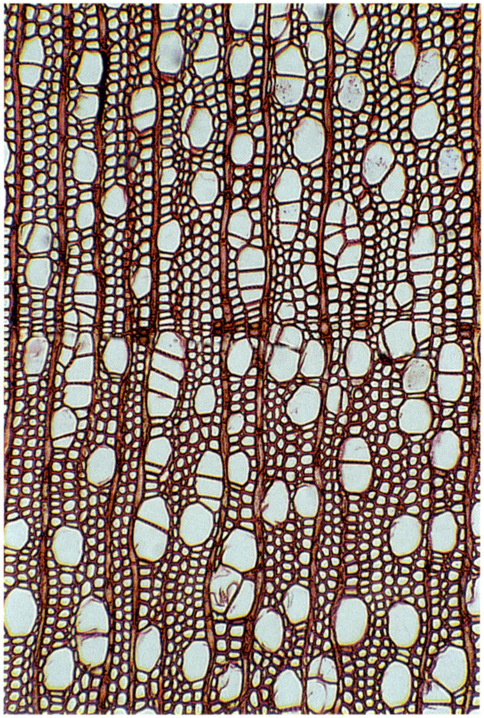

Rosskastanie: Querschnitt durch ein zerstreutporiges Laubholz

gestalteten Tracheen, doch sind diese noch in eine Grundmasse aus Tracheiden eingebettet. Bei Kreuzdorn, Liguster oder Stechpalme ist ein Teil der Tracheiden durch Holzfasern ersetzt. Fast die Hälfte des Holzkörpers besteht bei diesen Arten aus toten, ziemlich dickwandigen Holzfasern. Im Holz der Ahorn-Arten kommen überhaupt keine Tracheiden mehr vor – die Wasserleitung erfolgt hier nur noch durch Gefäße. Den größten Teil des Holzkörpers nimmt daher das tote, luftgefüllte Holzfaser-Grundgewebe mit seinen besonders dickwandigen Zellen ein.

Nach ihren Gefäßdurchmessern (meist unter 100 µm) gehören die bisher benannten Laubholz-Arten alle zu den mikroporen Hölzern.

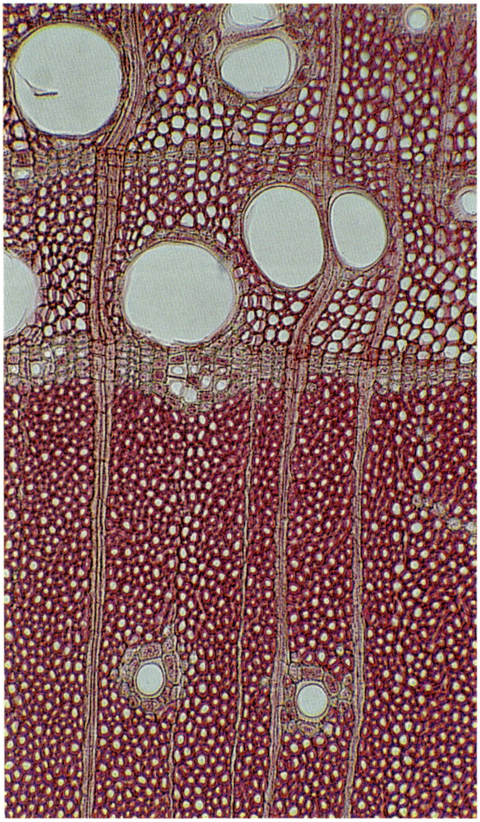

Gewöhnliche Esche: Querschnitt durch ein ringporiges Laubholz

Ihre Tracheen sind außerdem recht gleichförmig über die einzelnen Jahrringe verteilt. Daher spricht man auch von zerstreutporigem Holz. Im Gegensatz dazu erreichen die Gefäße bei den ringporigen bzw. zykloporen Hölzern besonders im Frühholz Durchmesser von 100 – 400 µm. Makropore Hölzer wie Ess-Kastanie, Eichen und Esche kommen bevorzugt in wärmeren Klimaten vor, in denen meist nur im Frühjahr reichere Niederschlagsmengen fallen.

Am laufenden Band

Vor knapp 2000 Jahren in Ostasien erfunden, war Papier viele Jahrhunderte lang geradezu eine Kostbarkeit. Heute ist es neben den Kunststofffolien das billigste Flächengebilde der Werkstofftechnik und von der Faltschachtel bis zum Notizblock praktisch überall im Einsatz. Mit dem Mikroskop lässt sich die Produktvielfalt ebenso gut erkunden wie die unterschiedlichen Rohstoffe, die in einem Papierfetzen stecken.

Für die mikroskopische Untersuchung weicht man eine beliebige Papier-, Karton- oder Pappprobe in Leitungswasser auf und zupft sie mit Präpariernadeln auseinander. Danach schüttelt man die Probe in einem Reagenzglas kräftig durch und lässt die Aufschwemmung eine Weile stehen, bis sich ein Bodensatz gebildet hat. Davon entnimmt man mit der Pipette eine kleine Probe und untersucht sie in Etzolds Gemisch (Kapitel 16). Auch hierbei ermöglicht die Färbung eine sichere Unterscheidung von holzhaltigen und holzfreien Papierfasern – verholztes Material färbt sich rot, nicht verholztes zeigt sich in Blaunuancen. So lassen sich auch verschiedene Papiersorten

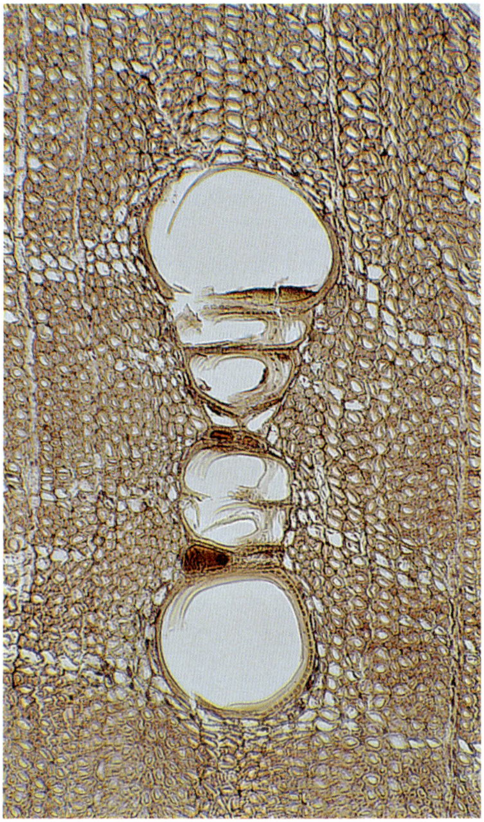

Jacaranda (Querschnitt): Tropenholz ohne Jahresgrenze zwischen den Tracheen, ungefärbt

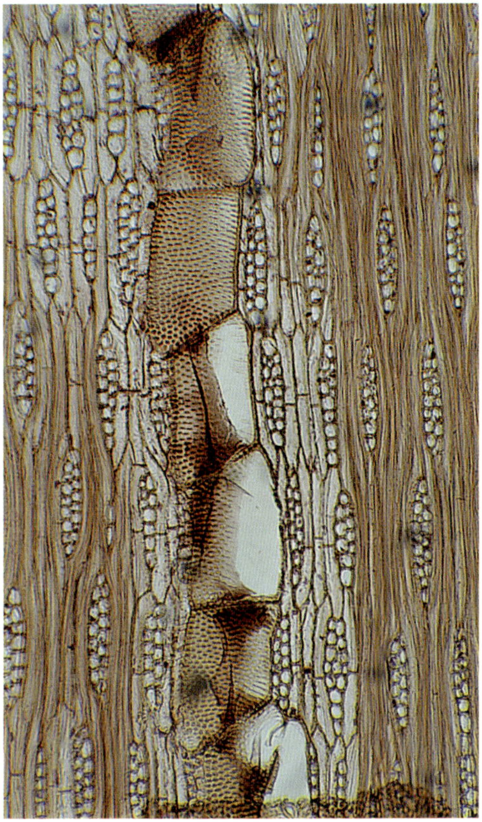

Jacaranda (Längsschnitt): Auffallend kurzgliedrige Tracheen, ungefärbt

vergleichend untersuchen. Lohnenswertes Ausgangsmaterial sind beispielsweise Papiere für Druckgrafik, Kaffee- oder Teefilter, Schreibmaterial, Teebeutel, Verpackung, Zigaretten oder Zeitung.

Auch feinstes Schreib- und Druckpapier ist ehemaliges Holz.

Wenn man ein wenig Erfahrung im Wiedererkennen der verschiedenen Zelltypen gesammelt hat, wird man ihre Reste auch in den Bauteilen eines (leeren!) Wespennestes finden, denn streng genommen ist Papier durchaus keine menschliche Erfindung.

Von Haut und Haar

Fische gewanden sich mit Schuppen, Vögel tragen ein Federkleid, und für die Säuger ist ein dichtes Fell aus Haaren typisch: Jede Wirbeltiergruppe zeichnet sich durch besondere Außenstrukturen ihrer Haut aus, die einerseits Schutzfunktionen erfüllen, andererseits aber auch wesentlich das arteigene Erscheinungsbild bestimmen. Für die mikroskopische Untersuchung sind diese Hautsonderbildungen eine äußerst ergiebige Materialquelle.

Bis zum Schwarzwerden

Bei vielen Wirbeltieren lagert auch die Haut als solche Farbstoffe ein. Farbstoffträger sind dabei sternförmige Zellen, die man Melanozyten oder Melanophoren nennt. Sie enthalten den braunen Farbstoff Melanin in Gestalt zahlreicher winziger Kugeln ein und können bei dichter Beladung nahezu schwarz erscheinen. Da diese Zellen mit feinen Hautmuskeln in Verbindung stehen, können sie bei manchen Tieren ihre Form verändern und rasche Farbwechsel ermöglichen. Die Pigmentzellen in der menschlichen Haut sind nicht formveränderlich, verlagern sich aber mit der Zeit nach außen in höhere Hautschichten. Daher verabschiedet sich die mühsam erworbene Urlaubsbräune nach etwa einem Monat.

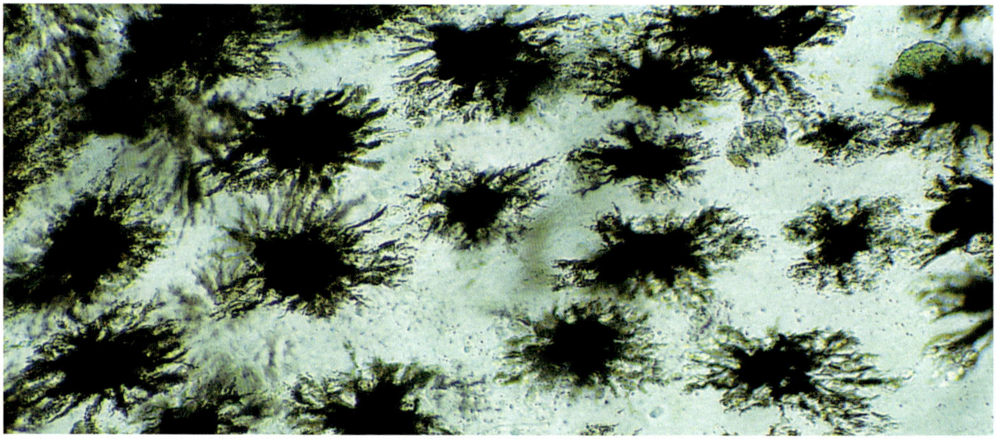

Sternförmig ausgebreitete Melanocyten in der Rollmopshaut

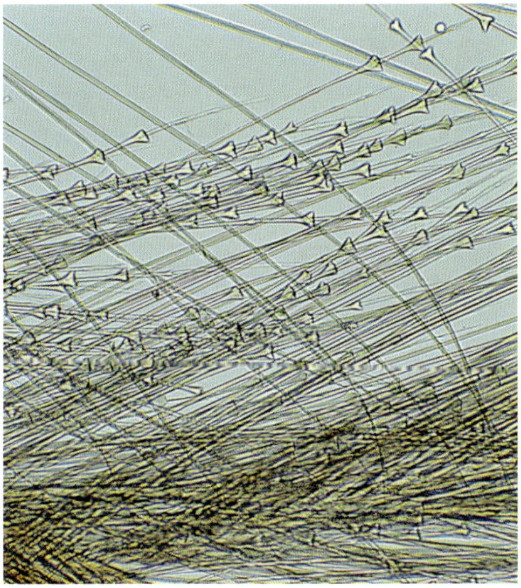

Ungewöhnliche Federstrahlen in der Dunenfeder der Eiderente

Haustaube: Strahlen und Haken in der Konturfeder

Für die Mikroskopie der Melanozyten eignet sich besonders gut die Fischhaut. Von einem marinierten Fischfilet (z. B. Bismarckhering oder Rollmops) zieht man ein Stückchen dunkle Haut ab, spült sie in Wasser gründlich durch und untersucht bei mittlerer Vergrößerung. Die recht großen Melanozyten zeigen sich dann schon mit lang ausgestreckten Verzweigungsarmen (dispergiert) oder stärker zusammengezogen (aggregiert). Von nicht marinierten Fischen lässt sich die Haut am besten im Bereich der Kiemendeckel abziehen. Auch sie wird in einem Tropfen Wasser im normalem Durchlicht bei mittlerer Vergrößerung untersucht.

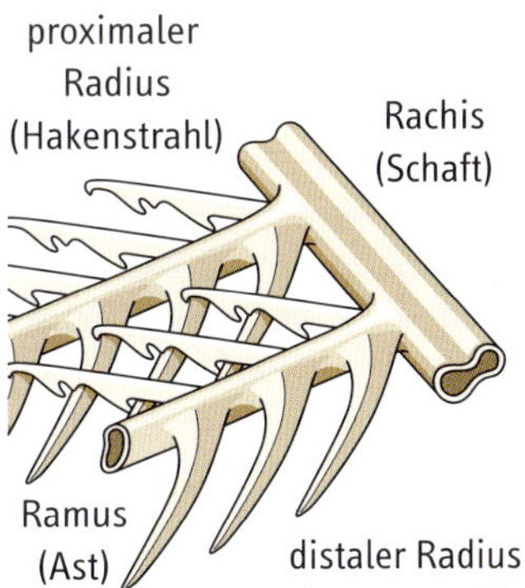

Feinbau einer Konturfeder

Tragfläche mit Reißverschluss

Federn sind das Kennzeichen der Vögel schlechthin. Schon der berühmte *Archaeopteryx* trug sie und war nur daran als Vogelvorfahre zu erkennen. Diese extrem leichten Gebilde bestehen ausschließlich aus verhornten, toten Zellen. Da Federn nicht einzeln repariert werden können, werden sie nach Abnutzung als Ganzes durch die jährliche Mauser ersetzt.

In der Befiederung eines Vogel unterscheidet man mehrere Federtypen. Eine typische Konturfeder weist eine feste Längsachse (im unteren verdickten Teil Federkiel, im oberen schlankeren Federschaft genannt) und die davon ausgehende, meist etwas unsymmetrische Federfahne auf. Der untere Teil des Kiels steckt in der Vogelhaut. Dunenfedern zeichnen sich durch eine weithin schlaffe Achse und eine weiche Fahne mit unregelmäßigem Umriss aus. Sie sitzen in dichter Packung unter den Konturfedern und dienen dem Schutz vor Kälte.

Im unteren Teil geht die Konturfeder oft in einen Dunenteil über, in dem es nichts zu verhaken gibt.

Zum Mikroskopieren schneidet man ein etwa 5 x 5 mm großes Stück aus einer Konturfeder von Taube, Wellensittich oder einem anderen Fundstück ab und untersucht in einem Tropfen Wasser mit Netzmittelzusatz (zur Vermeidung störender Luftblasen), nachdem man einen Teil des Fahnenstücks mit Präpariernadeln leicht zerzupft hat. Die feste Federfahne setzt sich aus den rechts und links vom Schaft abgehenden Federästen zusammen. Davon zweigen jeweils zwei Reihen Federstrahlen ab: Zur Federspitze gerichtet sind die Hakenstrahlen, die feine Häkchen tragen, nach hinten weisen die meist hakenlosen Bogenstrahlen. Diese sind jedoch an der Oberseite krempenartig umgeschlagen, und in diese Vertiefung rasten die Häkchen der Hakenstrahlen ein. Erst durch diese vielfache Verhakung nach Art von Reißverschlüssen entsteht die glatte Fahnenfläche einer Konturfeder. Bei den weichen Dunenfedern sind die Federstrahlen nicht verhakt. Nur in Überlappungsbereichen am Flügel tragen auch die Bogenstrahlen kleine Häkchen. So können sie sich mit benachbarten Federn zu einer geschlossenen und belastungsfähigen Tragfläche verbinden. Wenn Vögel ihr Gefieder putzen, ziehen sie ihre Konturfedern durch den Schnabel und stellen dabei die Grundordnung der Äste und Strahlen wieder her.

Ganz ohne Haarspalterei

Nur die Säugetiere besitzen die Fell aufbauenden Haare und wären demnach auch als Haartiere zu bezeichnen. Säugertierhaare untersucht man im Mikroskop auf zweierlei Weise:

- Ein etwa 1 cm langes Haarstück (Fundstück aus dem Kamm, eine Probe aus dem Malpinsel, vom Kamelhaarschal, Kaschmir- oder Merinopullover) legt man in einen Tropfen Glycerin und betrachtet im normalen Durchlicht (Hellfeldverfahren).
- Ein zweites Haarpräparat stellt man sich folgendermaßen her: Man befestigt mehrere ca. 1 cm lange Haarstücke parallel zueinander an den Enden mit Klebebandstreifchen auf einem sauberen Objektträger. Dieses Präparat betrachtet man ohne Deckglas bei ausgeschalteter Mikroskopierleuchte im Licht einer hellen Lampe (Taschenlampe, LED-Leuchte, Halogen-Schreibtischlampe o.ä.), das von schräg oben einfällt. Da der Bildhintergrund bei dieser Beleuchtungstechnik dunkel bleibt, spricht man auch vom Auflicht- oder Dunkelfeldverfahren.

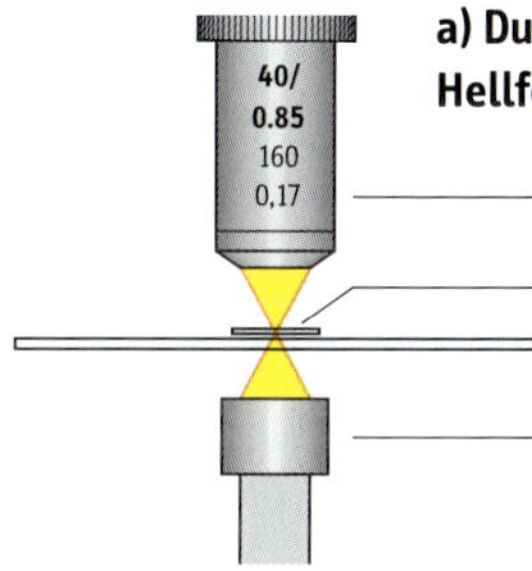

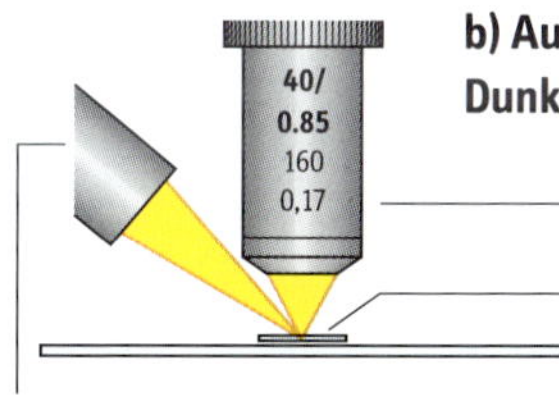

Lichtweg beim Hellfeld- und Dunkelfeldverfahren

Generell ist ein Säugetier- oder Menschenhaar ein aus mehreren konzentrischen Zellschichten hervorgegangener Hornfaden. In Längsrichtung gliedert er sich in die schräg in der Unterhaut (Subcutis) steckende Haarwurzel und den die Epidermis überragenden Haarschaft. Im Durchlicht-Glycerinpräparat sind die drei Zellschichten Cuticula (Epidermis), Haarrinde und Haarmark (Matrix) zu

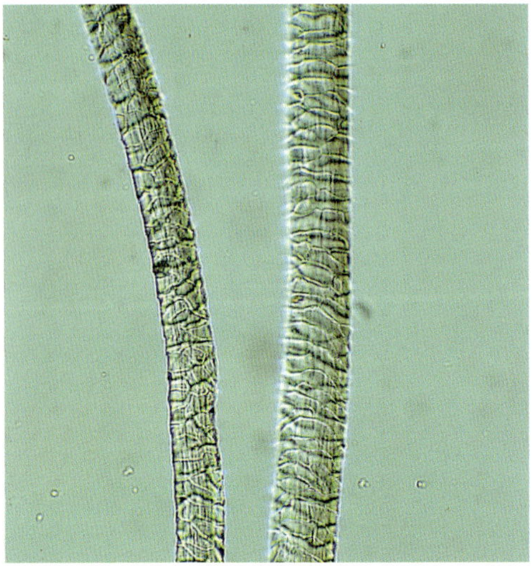

Schafwolle mit erkennbaren Hornzellgrenzen

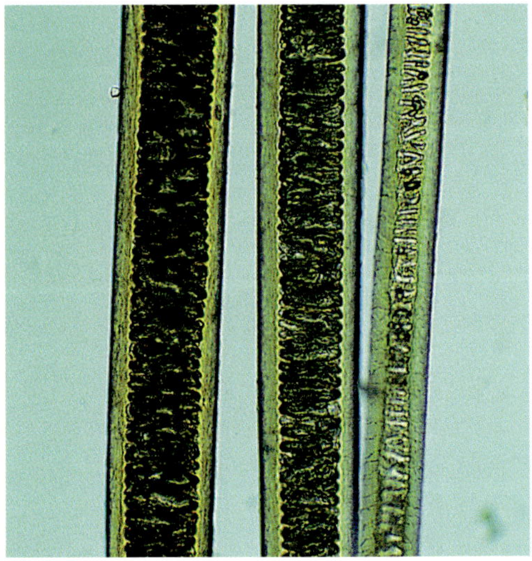

Luftgefüllte Haare des Marders (Malpinselhaare)

erkennen. Im Luft-Auflichtpräparat zeigen die Haarstücke dagegen das feine dachziegelartige Muster der Hornschuppen, von denen jede dem Rest einer Zelle entspricht. Die feinen, sich gegenseitig deckenden Schüppchen der Cuticula zeigen in Zellform und Zellanordnung ein artspezifisches Muster. An frisch gewaschenen Haaren sind sie am besten erkennbar. Anhand dieses Schuppenmusters lässt sich Wolle als tierische Faser in Textilien klar von pflanzlichen

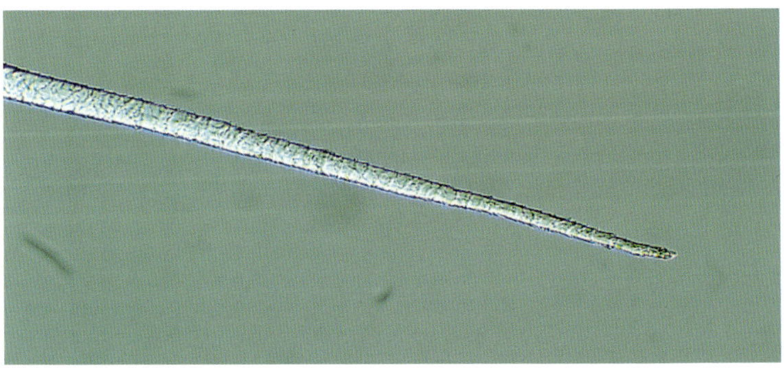

Mensch: Augenwimper mit einzelliger Spitze

Fledermaushaare mit Treppenstruktur

Fasern (beispielsweise den etwas verdrillten, aber glatten Samenhaaren der Baumwolle) oder von synthetischem Material unterscheiden. Auch Seidenfäden zeigen ein abweichendes Aussehen.

Die Haarrinde besteht überwiegend aus fibrillären Zellen, die dem Haar seine Reißfestigkeit verleihen, und ist Träger der Haarpigmente. Zellgrenzen sind hier nicht mehr erkennbar – allenfalls die feinen, strichförmigen Hohlräume, in denen sich einmal Zellkerne befanden. Die großen Markzellen des Zentralstrangs liegen geldrollenartig hintereinander und sind im Alter beim Ergrauen der Haare zunehmend mit Gasblasen angefüllt, die sich im mikroskopischen Bild als dunkles Band abzeichnen.

Die mikroskopischen Merkmale von Haaren haben auch bei kriminaltechnischen Untersuchungen schon oft eine wichtige Rolle gespielt.

Menschliche Haare sind durchschnittlich etwa 0,1 mm (= 100 µm) dick. Glatte Haare haben einen runden, krause einen eher ovalen Querschnitt. Die etwa 120 000 Haare auf dem Kopf wachsen im Monat um rund 1,5 cm – das sind zusammen rund 16 km im Jahr. Jedes einzelne Haar kann etwa 100 g Gewicht tragen, ohne abzureißen.

Kleinstgeflügel

Lange bevor ein paar Fische pfeilschnell aus dem Wasser sausten, die Vögel sich zu eleganten Langstreckengleitern entwickelten und auch einige Säugetiere wie die Fledermäuse ihre beträchtlich vergrößerten Hände mit einer dünnen Flughaut überspannten, beherrschten die Insekten den Luftraum. Nur ganz wenige Verwandtschaftsgruppen innerhalb dieses riesigen Formenkreises sind flügellos geblieben, während die Heere der Mücken, Fliegen, Geradflügler, Hautflügler, Libellen, Schmetterlinge und Käfer die Luft erfolgreich unter die Schwingen nehmen. Am Beispiel kleiner Insekten erlernen wir die Anfertigung von Dauerpräparaten.

Unter Glas versiegelt

Jedes Frisch- oder Nasspräparat (vgl. Kapitel 6) entführt zwar zuverlässig in zuvor nie wahrgenommene Kleinwelten und beschert insofern einzigartige Sehabenteuer, hat aber den klaren Nachteil, dass es nur für kurze Zeit zu verwenden ist. Daher haben die Mikroskopiker schon vor Jahrzehnten nach Wegen gesucht, ihre besonders gelungenen Präparate zu haltbaren Dauerpräparaten zu verarbeiten. Im Prinzip sind die Verfahren einfach: Das normale Beobachtungsmedium Wasser wird gegen ein anderes, zunächst noch flüssiges Einschlussmaterial ausgetauscht, das von selbst oder durch leichte Wärmeeinwirkung erstarrt. Die heute meist verwendeten Einschlussmittel lassen sich in zwei Gruppen einteilen:

Gruppe A umfasst wasserlösliche (wässrige) Eindeckmedien, in die man die fertig gefärbten Schnitte oder vergleichbare kleine Objekte direkt aus wässrigen Lösungen einschließt. Hierher gehört neben dem Klassiker Glyceringelatine das leicht zu verarbeitende Polyvinyl-Lactophenol. Zu Gruppe B gehört eine Anzahl natürlicher oder synthetischer wasserunlöslicher Harze wie Euparal, Eukitt, Entellan oder Malinol, in die man seine Objekte nur nach vorheriger gründlicher Entwässerung einschließen kann. Sie erfordern also einen deutlich höheren Präparationsaufwand. Wir befassen uns hier nur mit den beiden Eindeckmitteln der Gruppe A, die man über die Firma Chroma (siehe Kapitel 16) oder eine Apotheke beziehen kann.

Vom Bauteil zum Dauerpräparat

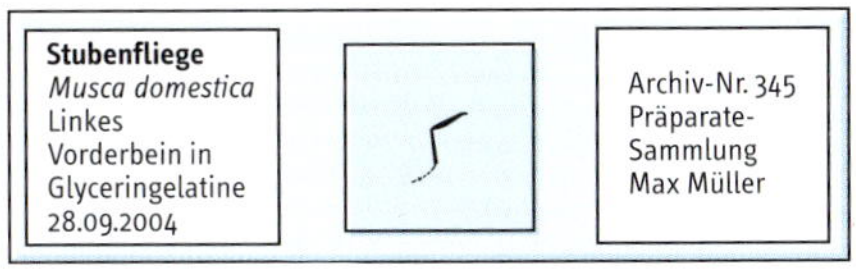

Sauber beschriftetes Dauerpräparat

Die Stubenfliege, die den Winter an der Dachluke nicht überlebte, eine Florfliege, die in ein Spinnennetz geriet, oder eine bei der Attacke erwischte Stechmücke liefern allerhand Anschauungsmaterial. Eine ergiebige Materialquelle für alle möglichen Insektenteile ist auch der Kühlergrill eines Autos. Völlig erstarrte Insektenmumien weicht man zuvor in einer feuchten Kammer (Petrischale oder Schnappdeckelglas) mit wassergetränktem Fließpapier auf und biegt sie dann vorsichtig zurecht. Zum Einbetten geht man folgendermaßen vor:

Einschluss in Glyceringelatine

- Mit einem feinen Spatel ein kleines Bröckchen verfestigter Glyceringelatine aus dem Vorratsgefäß entnehmen und auf einen sauberen Objektträger legen
- Diese Portion gerade bis zur Verflüssigung über einer Kerzenflamme erwärmen

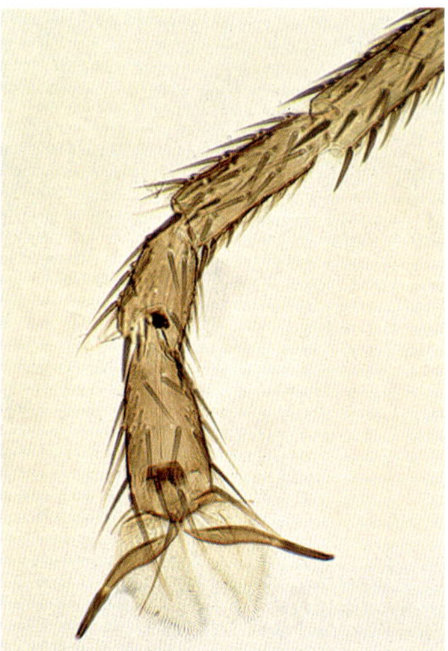

Stubenfliege: Fuß mit Haftballen und Haken

Hundefloh: Klammerfuß

- Einzubettendes Objekt (kleine Teile: Insektenflügel, -bein oder -kopf mit Antennen und/oder Mundwerkzeugen) vorsichtig hineinlegen
- Mit Lupe auf etwaige Luftblasen kontrollieren und diese gegebenenfalls mit einer heißen Präpariernadel aufstechen
- Mit einem Deckglas ohne Einschluss störender Luftblasen abdecken
- Nach einigen Minuten hat sich das Medium wieder verfestigt – das Dauerpräparat ist fertig und erhält nun nur noch eine erläuternde Beschriftung auf Klebeetiketten (vgl. Abbildung).

Einschluss in Polyvinyl-Lactophenol

- Das gewünschte Objekt in einen Tropfen des gebrauchsfertigen Gemischs legen
- Einschlussmenge nicht zu knapp bemessen, da das Medium beim Aushärten etwas schrumpft
- Deckglas auflegen
- Nach etwa 24 h ist das Präparat verfestigt.

Wespe: Glattrandiger Stachel

Honigbiene: Stachel mit Sägeleiste

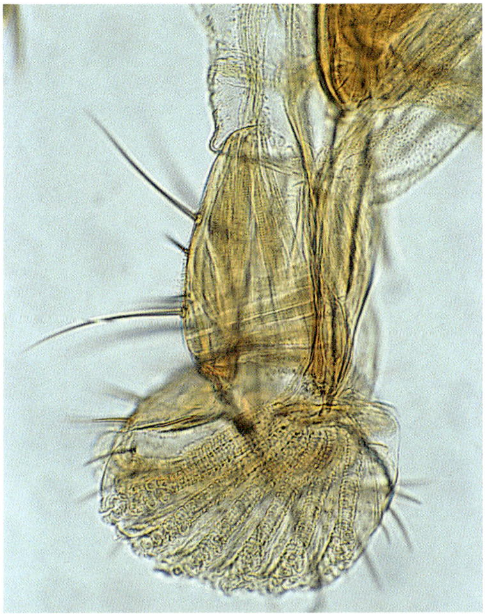

Taufliege: Tastorgan am Ende der Mundwerkzeuge

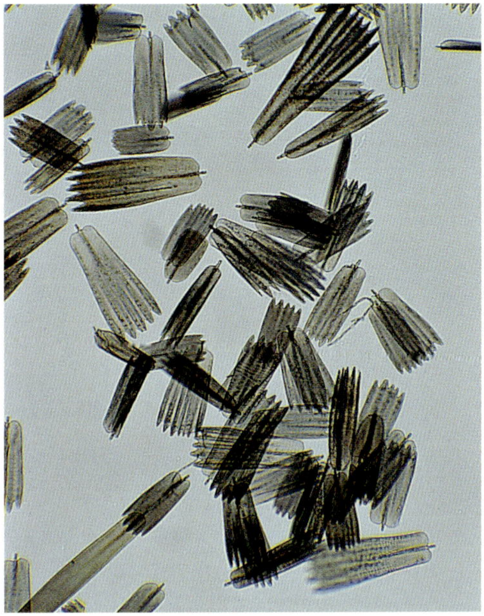

Gammaeule: Flügelschuppen aus dem Bereich der γ-Zeichnung

Generell lagert man die Präparate bis zum völligen Erstarren bzw. Aushärten des verwendeten Eindeckmediums waagerecht und staubfrei. Zum besseren Andrücken und Planlegen auf dem Objektträger legt man während dieser Zeit eine ca. 10 g schwere Schraubenmutter auf das Deckglas.

Totalansichten

Viele Insekten wie Springschwänze, Zuckmücken, Flöhe, Blatt- und Staubläuse, aber auch Spinnentiere wie die Milben oder Kleinkrebse wie die Wasserflöhe, sind so klein, dass die Präparation einzelner Körperorgane entbehrlich ist – man kann solche Kleinsttiere daher gleich als Ganzes einbetten, eventuell nach Fixieren. Unter Fixieren versteht man das möglichst rasche Abtöten von Gewebeproben unter weitgehender Erhaltung ihrer mikroskopischen und

Gliederfüßer oder Arthropoden nennt man Insekten, Spinnen und Krebse. Außer ihren Beinen sind auch die Körper stark gegliedert.

Stechmücke: Kopfnaher Teil der Mundwerkzeuge. Die schwarzen Kreisanschnitte oben sind Teile der Facettenaugen.

An durchscheinenden Kleinstinsekten ist meist sehr gut die Muskulatur zu sehen.

submikroskopischen Strukturen in speziellen Lösungsmittelgemischen. Für unsere Zwecke genügt dafür Ethanol (Alkohol, 70%ig, aus der Apotheke). Für anspruchsvollere Präparationen oder spezielle Organismen(teile), die hier nicht weiter zu behandeln sind, hat man allerdings besonders ausgeklügelte Fixiergemische entwickelt. Gut fixierte Totalpräparate haben den Vorteil, dass man sie sehr gut auch im polarisierten Licht (vgl. Kapitel 24) untersuchen kann.
Da der formale Reiz der Gliederfüßer im Wesentlichen aus Umriss und Oberflächenbeschaffenheit ihrer Chitinteile besteht, ist es meist nicht besonders tragisch, dass deren Dicke oder dichte Färbung keinen Einblick in das Innere erlaubt.

Beschuppt beschwingt

Für die mikroskopische Untersuchung besonders interessant sind die Flügelschuppen der Schmetterlinge. Ihr Schuppenbesatz, der nur wenigen Gruppen wie den Glasflüglern fehlt, ist das Namen gebende Merkmal der gesamten Ordnung (Lepidoptera = Schuppenflügler). Die Flügelschuppen sind umgebildete, verbreiterte, abgeflachte und dachziegelartig angeordnete Haare. Sie sitzen jeweils mit einem dünnen Schuppenstiel in der Schuppentasche.

Zur mikroskopischen Untersuchung löst man sie aus ihrem dichten Verband. Dazu drückt man das Flügelstück eines toten Schmetterlings gegen ein Deckglas, sodass daran eine Anzahl Schuppen hängen bleibt. Auf den so beschichteten Deckglasrand klebt man rundum ca. 2 mm breite Streifchen von etwas dickerem Schreibpapier und leimt das Deckglas schließlich auf einen sauberen Objektträger: Damit liegt ein einfaches Dauerpräparat mit Flügelschuppen in Lufteinschluss vor, das für Vergleichsuntersuchungen bestens geeignet ist. Alternativ lassen sich auch Flügelstückchen nach vorsichtiger Benetzung in Ethanol – wie oben beschrieben – in Glyceringelatine oder Polyvinyl-Lactophenol einbetten.

Alternative Abklatsch-Methode: Etwas Klebstoff dünn auf dem Objektträger ausstreichen, Flügelstück auflegen und vorsichtig abziehen, dann Deckglas auflegen. Die Schuppen zeigen so ihre Originalanordnung.

Schuppen kommen nicht nur bei Schmetterlingen vor, sondern beispielsweise auch auf den Flügeln und Beinen von Stechmücken. Ferner findet man sie bei etlichen Käfern (beispielsweise Rüsselkäfern) sowie beim Silberfischchen (Zuckergast), das seinen silbrigen Glanz dem Besatz mit breit rundlichen Schuppen verdankt.

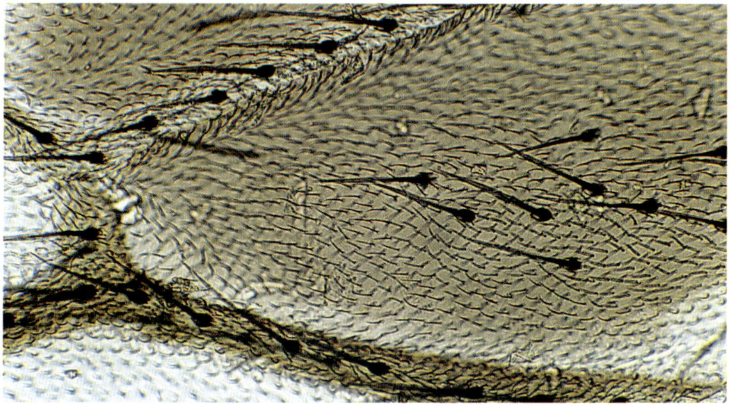

Schnake: Ausschnitt aus dem Vorderflügel

Eindrücke von Abdrücken

Im Allgemeinen gilt zwar die Regel, dass mikroskopische Objekte dünn und durchstrahlbar sein müssen, aber das Auflicht-Dunkelfeld-Verfahren (Kapitel 19) zeigt, dass man im Mikroskop auch undurchsichtige Strukturen mit Informationsgewinn untersuchen kann. Die jetzt vorzustellenden Oberflächen-Abformverfahren eröffnen weitere bemerkenswerte Möglichkeiten: Wenn man von einer nicht transparenten Oberfläche einen Filmabdruck herstellt, gewinnt man ebenfalls ausdrucksvolle Eindrücke.

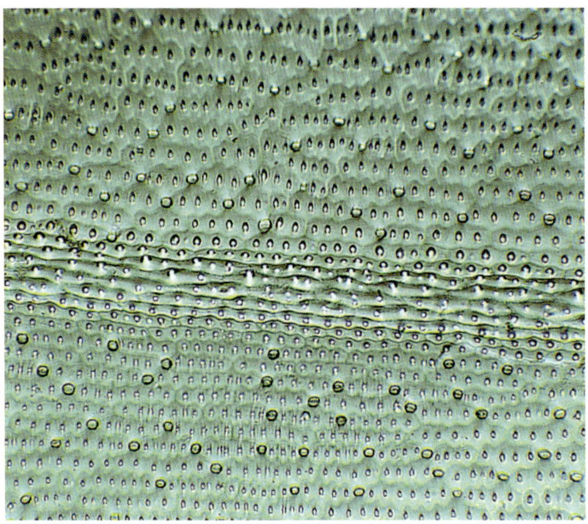

Gladiole: Zellmuster der Blattoberfläche

Positives von Negativen

Wenn ein Objekt zu dick oder kompakt ist und mit vertretbarem Aufwand nicht in dünne durchstrahlbare Scheibchen zerlegt werden kann (vgl. Kapitel 16), stellt man mit anfangs flüssigen und rasch erhärtenden Kunststoffen einfach einen Film- oder Lackabdruck der betreffenden Oberfläche her. Dieses hauchdünne und transparente Negativ kann man anschließend im normalen Durchlicht betrachten und gewinnt auf diese Weise dennoch eine Vorstellung von der Räumlichkeit der abgeformten Struktur. Geeignete Objekte sind beispielsweise die Epidermen der Pflanzen, die eigene Haut, aber auch Oberflächen von Insektenkörperteilen oder beliebigen Alltagsobjekten mit feiner Reliefstruktur.

Naturgemäß sind solche Abdruckfilme jedoch wesentlich kontrastärmer als das Original. Deshalb sollte man sie im Lichtmikroskop mit einem mit Kontrast verstärkenden Beobachtungsverfahren untersuchen. Für den Einsteiger- und Hobbybereich empfehlen sich dafür vor allem die Schiefe Beleuchtung (Kapitel 11), das polarisierte Licht (Kapitel 24) oder die Rheinberg-Beleuchtung (Kapitel 25). Notfalls liefert auch ein weit heruntergefahrener Kondensor bei geöffneter Aperturblende brauchbare Beobachtungshilfen.

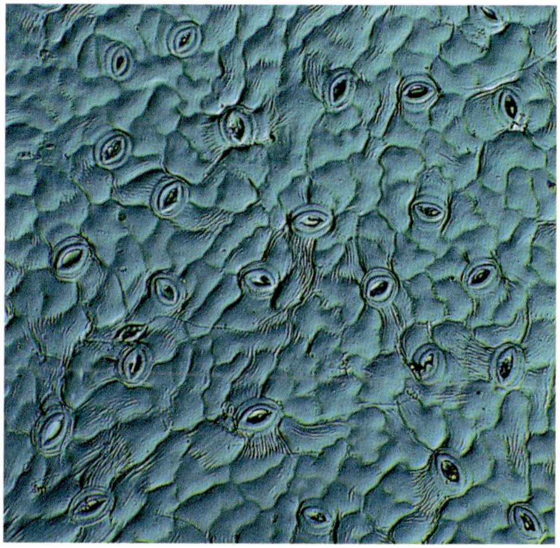

Efeu: Zellmuster und Spaltöffnungen auf der Blattunterseite

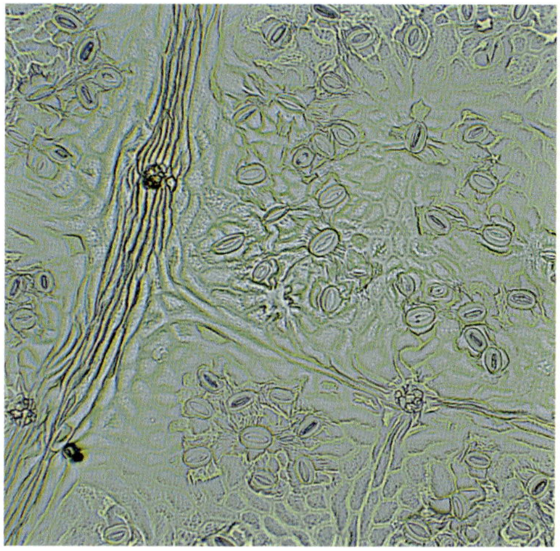

Weiß-Birke: Zellmuster und Spaltöffnungen auf der Blattunterseite

Wenige Handgriffe

Zum Abformen von fein strukturierten Oberflächen verwendet man eine der folgenden Substanzen

- UHU-hart (verdünnbar mit Essigsäuremethyl- oder -ethylester)
- Zaponlack (verdünnbar mit sogenannter Nitro-Verdünnung aus dem Malereibedarf)
- Gelatine
- Farbloser Nagellack

Zur Herstellung eines mikroskopierbaren Abdruckfilms verfährt man bei Verwendung von UHU-hart nach den folgenden Schritten:

- Abzuformende Objektfläche von Schmutz- bzw. Staubpartikeln reinigen, beispielsweise durch mehrfaches Aufdrücken von Klebeband
- Zum besseren späteren Abheben des abformenden Filmhäutchens die ausgewählte Objektstelle mit einer quadratischen oder rechteckigen Maske aus Papier abdecken, die randlich eventuell

mit Klebeband fixiert wird. Auch büroübliche Lochverstärkungsringe sind dafür brauchbar.

- Leicht verdünnten Klebstoff in der Maske auf das Objekt und den Maskenrand träufeln und mit einer glatten Objektträger- oder Deckglaskante möglichst dünn verteilen
- Gründlich trocknen lassen und Maske mit Abformfilm abheben
- Lackabdruck auf einen Objektträger übertragen und direkt ohne Deckglas mikroskopieren.

Bei Verwendung von Zaponlack verfährt man nach den folgenden Schritten:

- Lösung mit einem Pinsel direkt und ohne Maske auf die vorgereinigte Oberfläche auftragen
- Lackfilm nach dem Aushärten mit der Pinzette vorsichtig abziehen, mit der betreffenden Film-Lösung auf einem sauberen Objektträger festkleben und mikroskopieren.

Soll eine Oberfläche dagegen in Gelatine abgeformt werden, geht man so vor:

- Vorgesehene Oberfläche leicht mit Wasser benetzen und dann unter mäßigem Druck (z.B. mit dem Griff der Präpariernadel) etwa 3 – 5 min lang gegen kleine Stücke einer glatten Gelatinefolie pressen. Diese löst sich im Wasser teilweise an und nimmt dabei die Oberflächenbeschaffenheit der als Matrix benutzten Vorlage an. Nach dem Trocknen kann man sie wie die übrigen Filmabdrucke im Mikroskop untersuchen.

Anfertigen eines Filmabdrucks mit Klebstoff

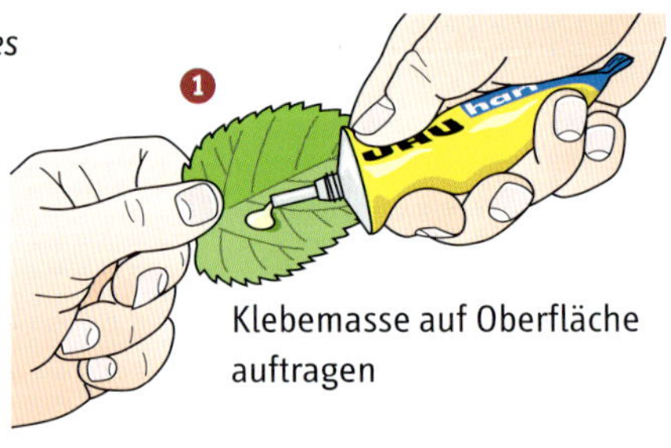

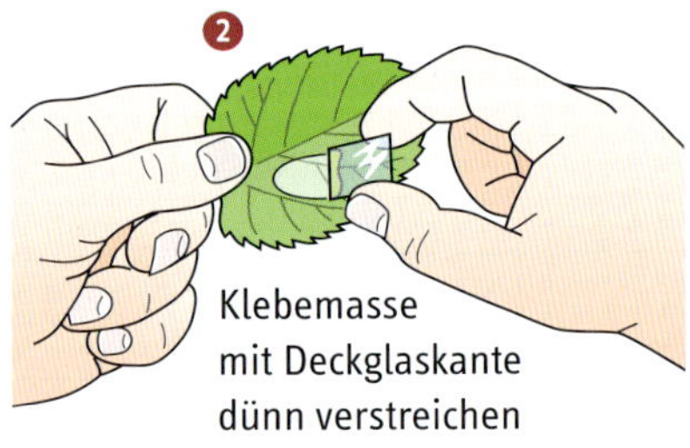

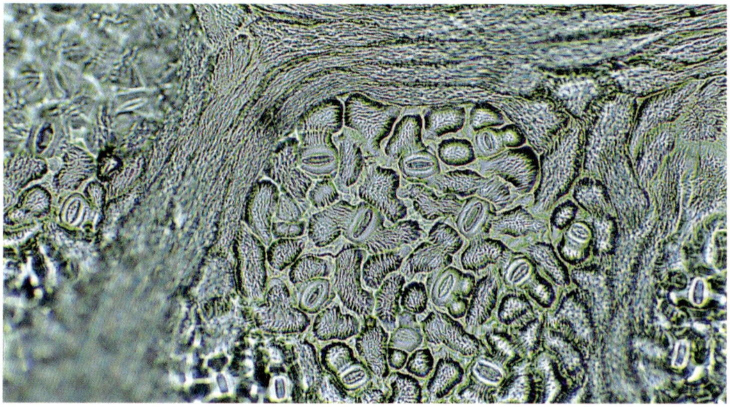

Schneebeere: Zellmuster im Bereich einer Blattader

Die eigene Fassade

Die mikroskopische Untersuchung des Schichtaufbaus der Haut mit ihren vielen Sinneskörperchen ist nur an aufwendig hergestellten Mikrotomschnitten möglich. Allerdings bietet sich für die mikroskopische Analyse die Flächenansicht an, nachdem man einen Lackabdruck hergestellt hat. Für die Felderhaut als Abformmaterialien besonders geeignet sind Lacke auf Nitrocellulose-Basis, also Kollodium-Lösung und Zaponlack. Auf jeden Quadratmillimeter Haut entfallen etwa im Bereich des Unterarms ca. 6 Felder. Die mittlere Hautfeldgröße bewegt sich demnach im Bereich zwischen 0,15 und 0,2 mm². Im Unterschied zur Leistenhaut, die als sprichwörtlicher Fingerabdruck immer noch Kriminalgeschichte schreibt, ist die Felderhaut nicht unveränderlich. Das Felderungsmuster wandelt

Fingerabdrücke auf dem Objektträger sind eher ein Fall für die Lupenuntersuchung.

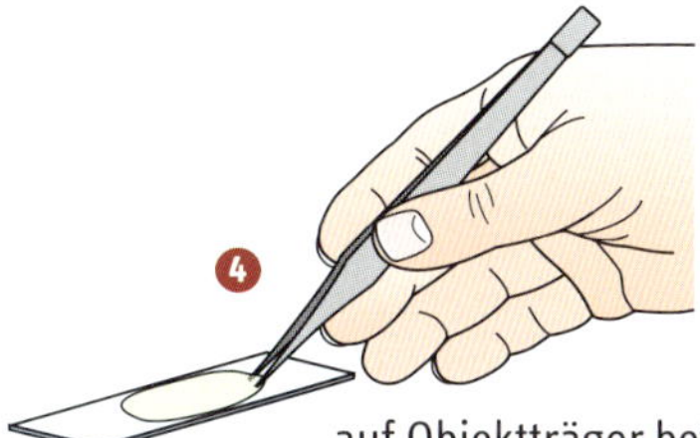

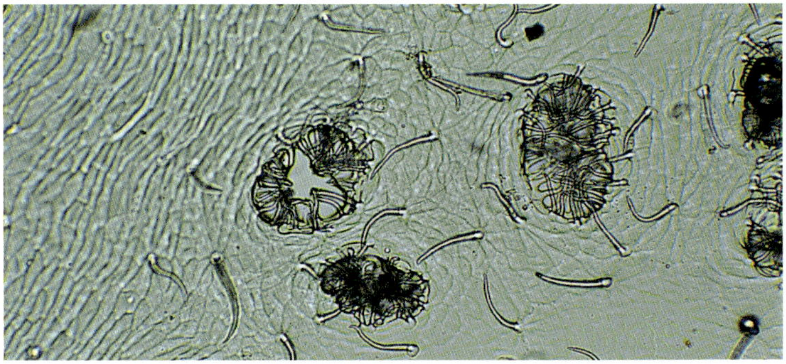

Oleander: Die unterseitigen Spaltöffnungen liegen in Gruben, die von Haaren umstanden sind.

sich im Zeitraum von Monaten oder Jahren und lässt sich demnach nicht zur Personenidentifizierung heranziehen. An besonders gut merkbaren Hautstellen, beispielsweise solche mit kennzeichnender Sommersprossenanordnung oder einem Muttermal kann man den zeitlichen Verlauf der Veränderungen in der individuellen Landkarte mithilfe von Lackabdrücken leicht dokumentieren.

Flächen in der dritten Dimension

Abdruckfilme auch mit Schiefer Beleuchtung (vgl. S. 87) oder im schrägen Auflicht betrachten

Stellt man mithilfe eines der geschilderten Abdruckverfahren Oberflächenfilme von Laubblättern her, erscheinen alle räumlichen Oberflächenstrukturen der abgeformten Epidermen als Reliefbilder. Daraus kann man außer dem Muster der Epidermiszellen (vgl. Kapitel 17) beispielsweise Anzahl, Anordnung und Funktionszustand der Spaltöffnungen bestimmen. Auf den Abdruckfilmen lässt sich die Anzahl der Spaltöffnungen je Flächeneinheit sogar wesentlich besser bestimmen als auf Flächenschnitten, bei denen verbleibende Reste des grünen Blattgewebes die genauere Auszählung stören könnten. Rechnet man die je Gesichtsfeld erhaltenen Mittelwerte mehrerer Zählungen auf Quadratzentimeter oder gar die gesamte Blattfläche um (wobei die Fläche des Gesichtsfeldes bei einer bestimmten Vergrößerung mit Okular- und Objektmikrometer bestimmt wird: Kapitel 4), so ergeben sich meist eindrucksvolle

Sonnenblume: Feinrelief einer Zungenblüte

und überraschende Größenordnungen im Bereich von ca. 1×10^6 Spaltöffnungen/dm^2.

Lage und Verteilung der einzelnen Spaltöffnungen sind ein wesentlicher Aspekt der auffallenden Musterbildung der Blatt- oder auch Stängelepidermen. Zum Muster gehören auch die angrenzenden Zellen, die in Größe und Gestalt von den übrigen Epidermiszellen abweichen können und dann als Nebenzellen bezeichnet werden. Schließ- und Nebenzellen bilden die in das Grundmuster der Epidermis eingestreuten Spaltöffnungskomplexe. Deren Anordnung unterscheidet sich in den einzelnen Verwandtschaftsgruppen der Gefäßpflanzen beträchtlich. Außerdem ist wichtig, ob die Spaltöffnungen in definierten Längsreihen angeordnet sind (wie bei den meisten Einkeimblättrigen) oder ob sie scheinbar regellos über die Epidermis streuen wie bei den meisten zweikeimblättrigen Pflanzen.

Blatt- und Stängelepidermen zeigen wunderschöne Muster – sozusagen Entwürfe in Designerqualität.

Blatt- und Stängelepidermen und ihre Zellmuster bieten vielerlei Untersuchungs- und Beobachtungsmöglichkeiten, die mit der Zellanordnung gewiss noch nicht erschöpft sind. Sonderbildungen der Epidermis wie Haare oder die eigenartigen Kork- und Kieselzellen der Gräser sind ein ebenso interessantes Arbeitsfeld. Solche Vielfalt fordert die Anlage einer umfangreichen Vergleichs- und Beispielsammlung geradezu heraus.

In ganz anderem Licht betrachtet

Erstaunlicherweise zeichnet eine dunkle Sonnenbrille die gleißende Sommer- oder Schneelandschaft nicht in düsteren Weltuntergangsfarben, sondern recht kontrastreich und optisch irgendwie griffiger. Ihre Gläser sortieren die ankommenden Wellenzüge des Sonnenlichtes nämlich nicht nach deren Eigenfarbe, sondern nur nach der Schwingungsrichtung. Solche optischen Hilfsmittel nennt man Polarisations- oder kurz Polfilter. Polarisiertes Licht, das ein solches Filter verlässt, ist sozusagen eine im Gleichschritt marschierende Truppe – die Wellenzüge schwingen nach der Polfilterpassage allesamt in der gleichen Ebene auf und ab.

Polarisiertes Licht hat vor allem in der Mikroskopie eine breite Anwendung gefunden. Man kann damit allerhand farbenprächtige Lichtspiele hervorrufen. Diese vergleichsweise einfache Technik werden wir jetzt näher kennenlernen.

Nachrüstung – ganz einfach

Eine Polarisationseinrichtung gehört meist nicht zur Standardausstattung üblicher Kurs- oder Hobbymikroskope, selbst wenn sie einer gehobenen Leistungsklasse angehören. Zum Glück ist die Nachrüstung eines ganz normalen Lichtmikroskops für einfache polarisationsoptische Anwendungen jedoch recht problemlos und weder technisch noch finanziell nennenswert aufwendig.

Benötigt werden lediglich zwei Filter, die man sich aus einer Folie aus linear polarisierendem Material selbst passend zuschneidet. Ein paar Quadratzentimeter einer solchen Polarisationsfolie sind über den Foto- bzw. Optikfachhandel preiswert zu bekommen. Die Dicke der (weitgehend) biegefesten Folie sollte zwischen 0,6 und 1,0 mm liegen. Steht nur dünnere Folie zur Verfügung, kann man sie auch in Doppellage verwenden. Polarisationsfilter, wie sie im Fotohandel zum Aufschrauben auf Kameraobjektive angeboten werden, um die Wolkenbilder auf Landschaftsaufnahmen zu dramatisieren oder spiegelnde Spitzlichter von Gewässeroberflächen wegzufiltern, eignen sich nicht, denn sie sind meist zu wenig farbdicht.

Eine kreisrunde Filterscheibe (etwa 15 – 20 mm Durchmesser) bringt man irgendwo zwischen Objekt und Lichtquelle in den Strahlengang des Mikroskops – am besten unterhalb des Kondensors. Bei manchen Mikroskopen befindet sich hier ohnehin ein besonderer Filterhalter. Fehlt dieser, legt man die Folie – eventuell eingefasst in ein Diarähmchen – einfach auf die Lichtquelle. Sie sollte jedoch immer so gut zugänglich angebracht werden, dass man sie während der Beobachtung ständig drehen kann. Die zweite Polfilterscheibe schneidet man so zurecht, dass sie im Okular auf die Sehfeldblende passt. Zum Einlegen schraubt man die obere Okularlinsenfassung einfach heraus.

Die Polarisationsfilter erzeugen im Objekt aufregende Farben, die von Natur aus gar nicht in ihnen stecken.

Funktion der Filter

Aus dem chaotischen Schwingungsgeschehen des Beobachtungslichtes, das die Lichtquelle am Mikroskop für die Hellfeldbeobachtung

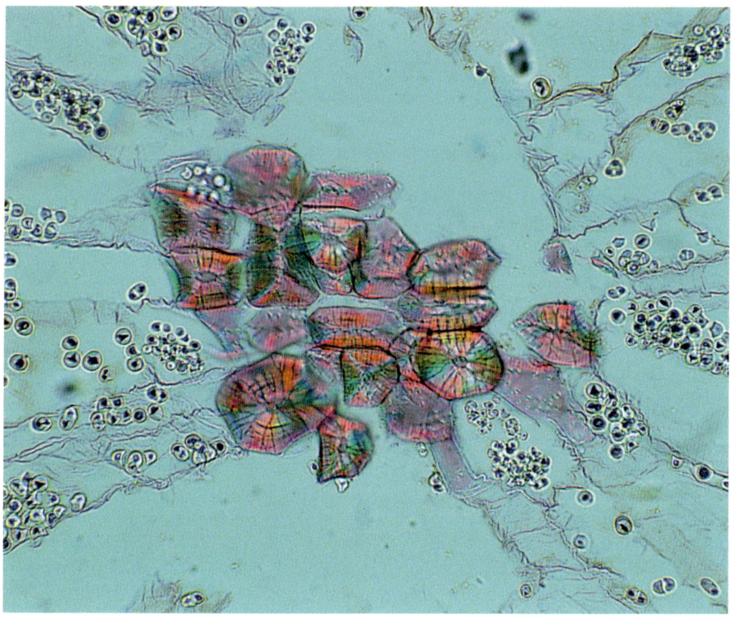

Steinzellnest (Sklereiden) im Fruchtfleisch (vgl. S. 68)

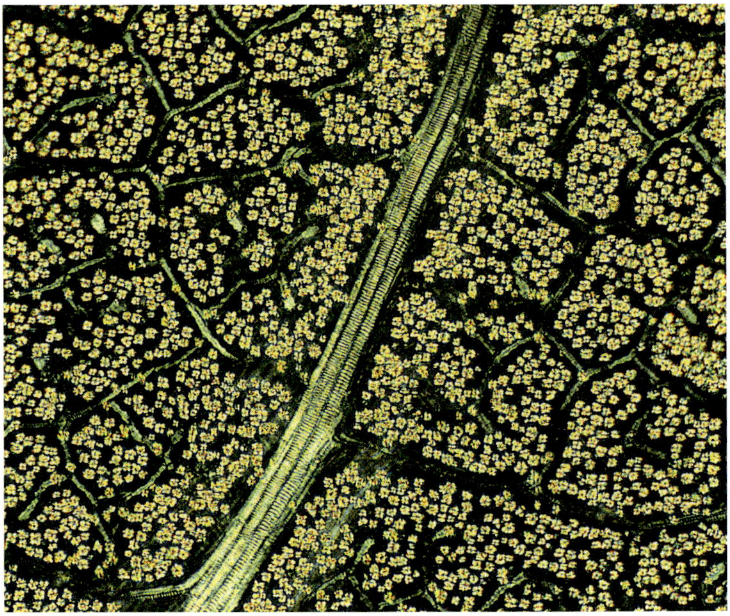

Engelstrompete: Kristalle in der Epidermis der Blattunterseite

in den Strahlengang schickt, sortiert der unterste (zwischen Leuchte und Kondensor angebrachte) Polarisationsfilter (= Polarisator) alle Wellenzüge aus, die nicht seiner eigenen Durchlassrichtung entsprechen – es lässt folglich nur solche Wellen durchtreten, die in einer ganz bestimmten Richtung, beispielsweise vertikal, schwingen und somit polarisiert sind. Trifft dieses polarisierte Licht auf seinem weiteren Weg durch das Mikroskop auf den zweiten Polfilter im Okular (= Analysator), kann es nur dann ungehindert passieren, wenn dessen Durchlassrichtung parallel zum Polarisator ausgerichtet ist (vgl. Abbildung). Bildet dagegen die Richtung der Gitterorientierung beider Polarisationsfilter zueinander einen rechten Winkel (= gekreuzte Filterstellung), so trifft das vom Polarisator linear polarisierte Licht an der zweiten Filterstation

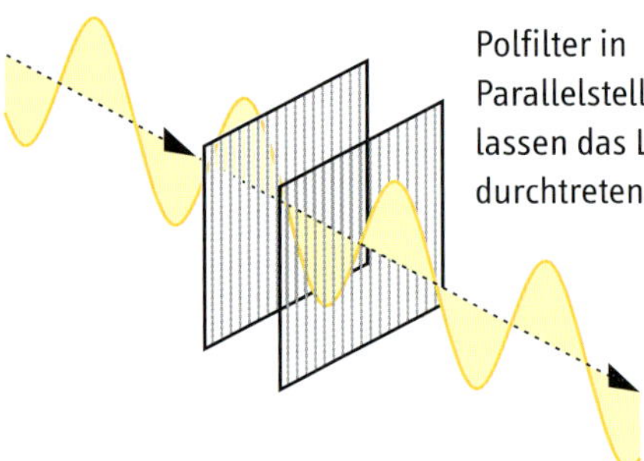

Polfilter in Parallelstellung lassen das Licht durchtreten.

Verhalten einer Lichtwelle beim Gang durch die Polarisationsfilter

auf eine unüberwindliche Sperre und wird folglich komplett ausgelöscht. Bei exakter Kreuzung der Filter bleibt das Gesichtsfeld des Mikroskops daher völlig dunkel – und genau in dieser Filterposition finden die Beobachtungen bzw. Routineuntersuchungen mit dem Polarisationsmikroskop statt.

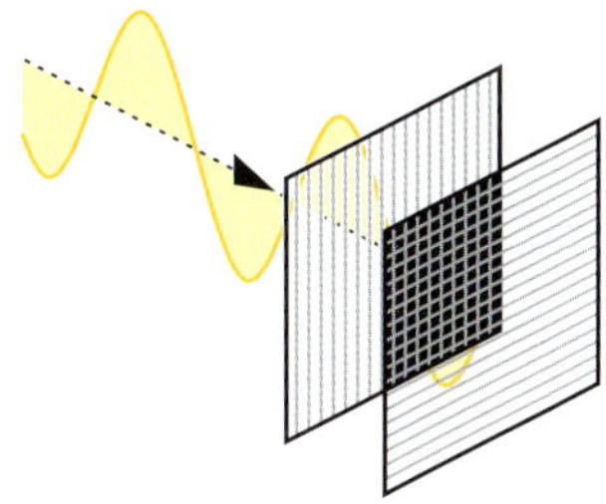

Polfilter in Kreuzstellung löschen das Licht aus.

Doppelbrechende Strukturen

Bereits 1669 entdeckte der dänische Naturforscher und Jurist Erasmus Bartholin an isländischen Kalkspatkristallen die eigenartige Erscheinung der Doppelbrechung. Erst viel später lieferte das erheblich verbesserte theoretische Konzept der Wellenphysik die Erklärung für dieses eigenartige Phänomen: Der Kalkspatkristall zerlegt das eindringende Licht in linear polarisierte Wellenzüge, die ihn als zwei unterschiedliche Strahlen mit senkrecht aufeinander stehenden Schwingungsrichtungen verlassen. Einer dieser beiden Strahlen folgt den schon länger bekannten Snelliusschen Brechungsgesetzen der geometrischen Optik und heißt deswegen ordentlicher Strahl, der zweite und als außerordentlich bezeichnete Strahl jedoch eigenartigerweise nicht. Sein Brechungsverhalten hängt lediglich vom Winkel ab, unter dem das Licht auf bzw. in den Kristall fällt. Materialien mit doppelbrechenden, den Wellenzug spaltenden Eigenschaften nennt man anisotrop, nicht doppelbrechende entsprechend isotrop.

Zwischen Polarisator und Analysator ist nur ein doppeltbrechendes Objekt sichtbar.

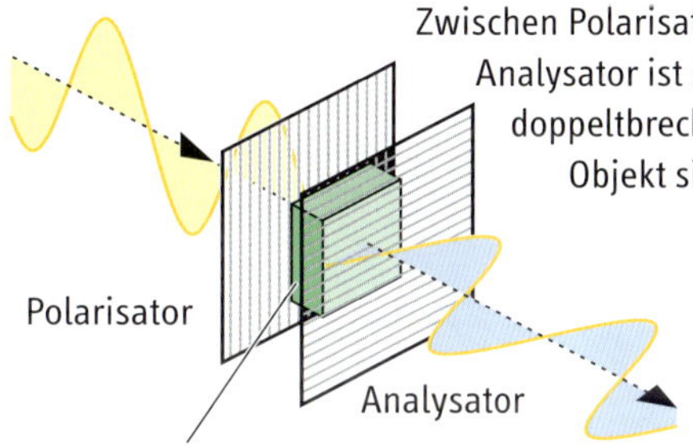

Wenn linear polarisiertes Licht auf einen doppelbrechenden Körper (anisotropes Material) trifft, behält es also seine ursprüngliche Polarisationsrichtung nicht bei. Vielmehr wird es auf die beiden zugelassenen Schwingungsrichtungen der doppelbrechenden

Struktur verteilt. Im Effekt dreht sich dabei die Schwingungsrichtung des Beobachtungslichtes um einen bestimmten Winkelbetrag.

Bei exakt gekreuzter Stellung der beiden Polfilter ist im Mikroskop vom Objekt normalerweise kein Bild sichtbar. Verlässt aber Licht eine doppelbrechende Objektstruktur mit abweichend orientierter Schwingungsebene, kann es den nachfolgenden Analysator umso besser passieren, je mehr seine Schwingungsrichtung zu dessen Durchlassrichtung einen Winkel von 45° bildet. Nun können sich die betreffenden Wellenzüge auch noch zusätzlich beeinflussen: Trifft das Schwingungstal einer Lichtwelle auf den Schwingungsberg einer anderen, löschen sich beide gegenseitig aus. Überlagern sich dagegen zwei Schwingungsberge, so entstehen nicht nur helle Abbilder der jeweils doppelbrechenden Objektstrukturen, sondern auch sehr bunte Farbeffekte. In der Physik nennt man diese Erscheinung Interferenz – sie liegt auch den Regenbogenfarben der sogenannten Newtonschen Ringe aufeinander heftender Objektträger zugrunde oder den bunt schillernden Ölfilmen auf Straßenpfützen. Den Farbeffekt kann man im Mikroskop sogar noch verstärken, indem man über dem Polarisator zusätzlich eine sogenannte Verzögerungsfolie einbringt, welche die durchlaufenden Wellenzüge um maximal die halbe Wellenlänge ($\lambda/2$) gegeneinander verstellt und interferieren lässt. Als Verzögerungsfolie verwendet

Porree: Spaltöffnungsreihen in der Laubblattepidermis

Wachsende Zuckerkristalle in trübem Bienenhonig

man Cellophan- oder andere dünne Verpackungsfolie von Pralinen- oder Zigarettenschachteln – entweder ein- oder doppellagig und wiederum gefasst in ein Diarähmchen.

Feuerwerk im Kleinstmaßstab – nur durch Lichtwellenspiele, nicht durch Pigmente

Nun erscheinen im mikroskopischen Bild auch solche Objekte oder ihre Bestandteile in kräftigen Farben, die von Natur aus völlig durchscheinend bzw. farblos sind wie das Blatthäutchen vom Porree oder die dickwandigen Steinzellnester aus dem Fruchtfleisch der Birne. Die Farben entstehen dabei nur durch die unterschiedliche Überlagerung von Lichtwellen und deren gegenseitige Beeinflussung. Im Unterschied zu sonstigen Farbeffekten, die auf die Lichtabsorption durch echte Farbstoffe zurückgehen, spricht man bei der Polarisation daher auch von Interferenzfarben. Vielfach wirken die Objekte dabei stark verfremdet. Drehen des Polarisators und der Verzögerungsfolie um Winkelbeträge von mehr als 45° entzündet

In anderem (nämlich polarisiertem) Licht betrachtet erscheinen uns viele Objekte in ungewohnter und ungewöhnlicher Farbigkeit.

in den betrachteten Objekten ein wenig vorhersagbares und darum umso überraschenderes Feuerwerk. Was man dadurch zu sehen bekommt, lässt nicht nur Rückschlüsse auf bestimmte Materialeigenschaften von Objektteilen zu, sondern ist einfach ein ästhetischer Hochgenuss. Außerdem wirken die Objekte, weil man die Dinge gleichsam in ganz anderem Licht betrachtet, stark verfremdet, obwohl die Farben nur durch die besonderen Wechselwirkungen des Informationsträgers Licht mit bestimmten im Objekt liegenden Materialeigenschaften zustande kommen.

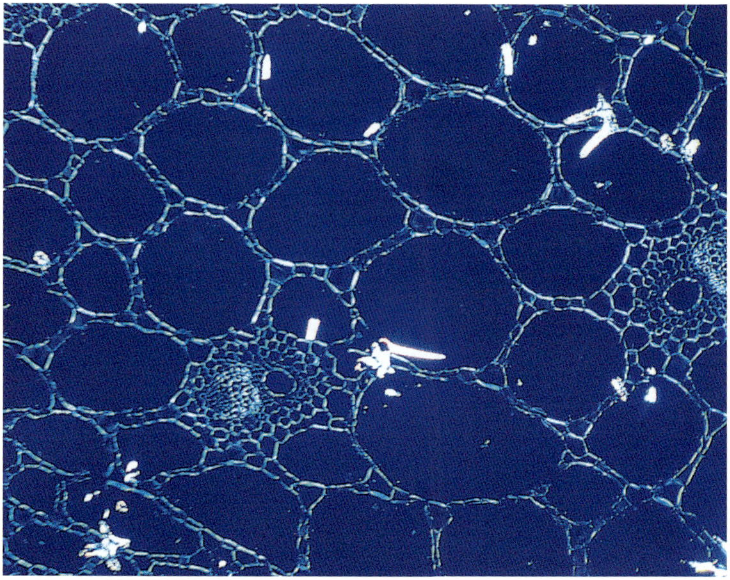

Teichrose: Querschnitt durch den Blattstiel mit inneren Haaren

Die im Dunkeln sieht man doch

In der Werkstoffprüfung sowie in Mineralogie und Petrographie ist die Polarisationsmikroskopie längst ein unentbehrliches Standardverfahren. Aber auch die Biologie kann von den immer wieder faszinierenden Lichtspielen enorm profitieren. Für solche Untersuchungen sind alle diejenigen Objekte besonders geeignet, deren stofflicher Aufbau wie ein optisches Gitter wirkt. Haut, Haare und Horn mit ihren molekularen Wiederholungsstrukturen sind aussichtsreiche Kandidaten. Ebenso versprechen organische Hartsubstanzen wie Knochen oder Zähne nach Anschliff (vgl. Kapitel 23) ebenso interessante Bildeindrücke.

Polarisiertes Licht spürt verborgene Strukturen auf und lässt sie hell aufblitzen.

Polarisiertes Licht ist außerdem ein ausgezeichnetes Werkzeug, um Kristalldepots in Zellen aufzuspüren. Außerdem lässt es die aus Lignin und/oder Zellulose aufgebauten Zellwände pflanzlicher Gewebe farbenfroh aufleuchten. Wenn die Durchlassrichtungen von Polarisator und Analysator bekannt sind, lässt sich aus den beobachteten Lichteffekten im Gesichtsfeld sogar die räumliche Ausrichtung der jeweils vorhandenen molekularen Bausteine ermitteln. So zeigen beispielsweise die Zellwände der Schließzellen der Spaltöffnungen in den Blattepidermen (vgl. Kapitel 17 und 21) Strukturen, die die elastische Verformung der Öffnungs- und Schließbewegungen erleichtern.

Kartoffel: Stärkekörner aus der Speicherknolle

Für alle Untersuchungen im polarisierten Licht ist es zumindest in der Anfangsphase nützlich, nicht nur bei exakt gekreuzten Filtern und dementsprechend völlig dunklem Gesichtsfeld zu beobachten, weil dann nur die doppelbrechenden Objektbestandteile sichtbar werden, während die Gesamtorientierung im Gewebe oder in den Zellen weitgehend verloren geht. Zur gleichzeitigen Erfassung des Zell- oder Gewebeumfeldes bringt man Polarisator und Analysator deshalb durch geringe Drehung ein wenig aus der ganz genauen Kreuzposition hinaus. Damit erzeugt man eine stark gedämpfte Hellfeldbeleuchtung, die zwar das Feuerwerk der doppelbrechenden Bestandteile ein wenig mindert, aber detaillierte Überblicke zulässt. Dieses Problem ergibt sich nicht, wenn man zusätzlich mit $\lambda/2$-Verzögerungsfolien als Hilfsobjekt arbeitet. In diesen Fällen wird der Bildhintergrund jeweils auf einen einheitlichen Fond aus dem Spektralangebot der verwendeten Mikroskopierleuchte abgeglichen.

Funkelnde Klunker

Ein besonderes Ereignis: Wachsende Kristalle unter dem Mikroskop „live“ erleben

Nachdem Erasmus Bartholin die Doppelbrechung von Kalkspat entdeckt hatte, untersuchte man viele weitere Kristalle und stellte fest, dass die meisten kristallinen Substanzen diese seltsame Eigenschaft aufweisen. Da Kristalle für die mikroskopische Untersuchung meist zu groß sind, hilft man sich mit einem Trick weiter: Man lässt sie einfach aus konzentrierten Salzlösungen im schmalen Raum zwischen Objektträger und Deckglas wachsen und hat sie dann in ideal dünner Schicht vorliegen. Dazu kann man praktisch mit allem experimentieren, was die Chemie beispielsweise an Salzen oder salzähnlichen Verbindungen hergibt – natürlich nur unter der Voraussetzung, dass die verwendeten Stoffe wasserlöslich und in den eingesetzten Mengen ungiftig sind. Man stellt von den betreffenden Stoffe wässrige, konzentrierte Lösungen her – in der Regel genügt eine kleine Spatelspitze Substanz auf etwa 1 – 2 ml Wasser. Davon gibt man ein paar Tropfen auf einen mit dem Substanznamen beschrifteten Objektträger und lässt die Lösung an einem staubfreien Ort eintrocknen. Ohne Deckglas geht es zwar schneller, mit Deckglas erhält man aber die dünneren Kristallgefüge. Bei Ver-

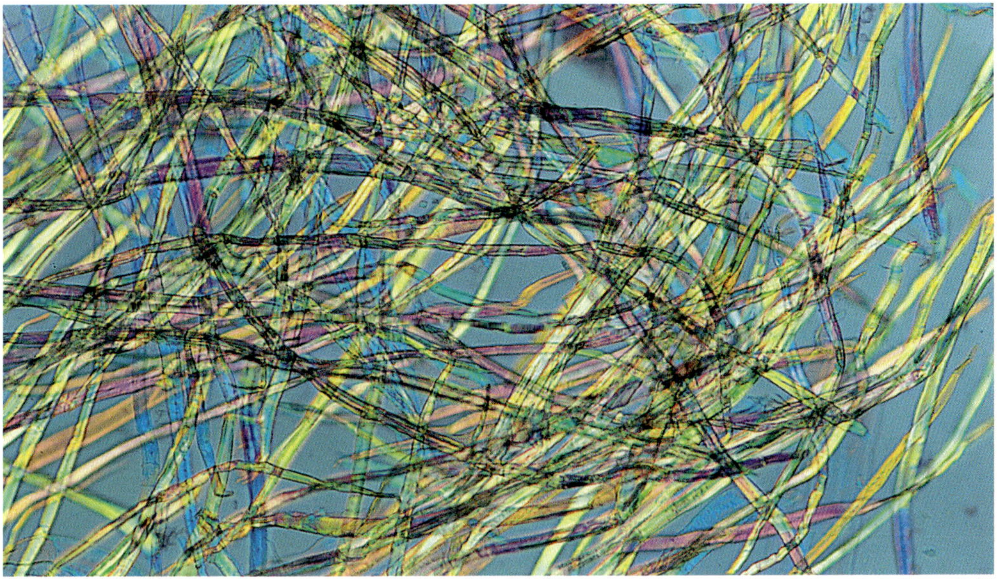

Papierfasern aus einem Kaffeefilter

wendung erwärmter, alkoholischer (ethanolischer) Lösungen, jeweils etwa 30- bis 50%ig in Wasser, kristallisieren viele Verbindungen wesentlich rascher aus. Empfehlenswerte Substanzen sind beispielsweise Vitamin C (Ascorbinsäure), Flüssigdünger für Blumen, aufgelöste Schmerztabletten, eintrocknende Tränen, diverse Waschpulver oder Geschirrspülmittel.

Besonders schöne Ergebnisse lassen sich auch mit allen natürlich vorkommenden Zuckern erzielen: Nicht zu konzentrierte (etwa 1–3%ige) wässrige Lösungen von Glucose, Fructose, Saccharose oder einem anderen Zucker (Galactose, Lactose, Maltose) lässt man auf einem Objektträger auskristallisieren. Eine gewisse Vielfalt der auftretenden Kristallgefüge erhält man, wenn man die betreffenden Zucker umkristallisiert, d.h. mit Ethanol oder einem anderen mit Wasser mischbaren Lösungsmittel erneut auflöst und wiederum eintrocknen lässt. Auf diese Weise gelingt meist auch die Darstellung von Zuckerkristallen aus Blütennektar, den man mit Glas-

Vitamin C-Flächenkristalle

kapillaren entnimmt. Mit polarisiertem Licht kann man auch erfolgreich nach kleineren oder größeren Zuckerkristallen in Fruchtsirup und in Honig fahnden.

Plattig, zackig, nadeldünn

Unter besonderen Bedingungen kann der Vakuoleninhalt einer lebenden Pflanzenzelle auskristallisieren. Dabei entstehen je nach Art und Ort unterschiedliche Kristallformen. Im sogenannten Kristallsand, wie man ihn beispielsweise in den Rindenzellen des Schwarzen Holunders findet, sind die einzelnen Kristalle so klein, dass keine besonderen Formmerkmale erkennbar sind. Eindrucksvoller zeigen sich da schon die plattigen Solitärkristalle in den Epidermiszellen über den Hauptnerven eines Rotbuchenblattes oder anderer Laubholzblätter. Man untersucht sie am besten in Flächenschnitten der Blattunterseite (vgl. Kapitel 17). Ferner sind sie mengenweise in der braunen Schale der Küchenzwiebel zu sehen. Drusen sind Mehrfachkristalle, bei denen sich viele bis sehr zahlreiche Einzelkristalle gegenseitig durchwachsen – sie sehen daher vielzackig aus wie Morgensterne. Eindrucksvolle Calciumoxalat-Drusen finden sich beispielsweise in den grünen Blattgeweben von Efeu, Weinraute, Weinrebe und Heckenrose oder in der Blattstielrinde der Rosskastanie.

Eine besondere Form sind die langen, schlanken Kristallnadeln, auch Raphiden genannt. Sie treten gewöhnlich in Raphidenbündeln auf, beispielsweise in den Blättern der Springkraut-Arten Gattung *Impatiens*: Fleißiges Lieschen und Rühr-mich-nicht-an, nachdem man diese mit heißem 96%igem Alkohol (Ethanol) entfärbt hat. Gebündelte Nadeln finden sich auch in den basalen Teilen des Blütenschaftes von Schneeglöckchen, in den Blättern von Aronstab, Dieffenbachie und Agaven. Im polarisierten Licht geben die meisten Nadelkristalle allerdings nicht so viel her.

Viele Pflanzenteile führen in besonderen Zellen bündelweise funkelnde Speere – das polarisierte Licht lässt sie hell aufscheinen.

Trockene Schale einer rotschaligen Küchen-Zwiebel (vgl. S. 75)

Knochenarbeit

Bevor man einen leckeren Samenkern genießen kann, gibt uns die Natur so manche harte Nuss zu knacken. Der praktische Umgang mit solchen massiv derbwandigen Verpackungen lässt die Vermutung zu, dass die jeweiligen Pflanzen hier besonders stabile Zellwandkonstruktionen angelegt haben.

Ein mikroskopisches Bild der Sachlage ist jedoch im Unterschied zum recht gut schneidbaren Holz nicht so ohne Weiteres zu gewinnen – der Zellverband von Kirschkern oder Kokosnuss erweist sich gegenüber Klingen und Messern als nahezu undurchdringlich felsenfest. Demnach muss man hier zu einer anderen, nicht allzu schwierigen Präparationstechnik greifen, die allerdings ein wenig Geduld erfordert: Wo die Schneide versagt, hilft jedoch das Schleifwerkzeug weiter. Nur hauchzarte Dünnschliffe bieten die nötige Transparenz, um das Objekt und seine Strukturen zufriedenstellend zu durchschauen.

Hartes wird hauchzart

Die Natur bietet allerhand organische und anorganische Hartstrukturen an, die auch im Mikroskop recht ansehnlich sind. Außer Nussschalen oder Steinkernen sind es beispielsweise Knochen, Zähne, Geweihe, aber auch Hartteile von Wirbellosen wie Muschel- und Schneckenschalen oder Seeigelstachel. Außerdem fertigt man für gesteinskundliche Untersuchungen auch Dünnschliffe durch Vulkan- oder Sedimentgesteine an. Alle benötigten Dünnschliffe kann man sich mithilfe von handelsüblichem Nass-Schleifpapier

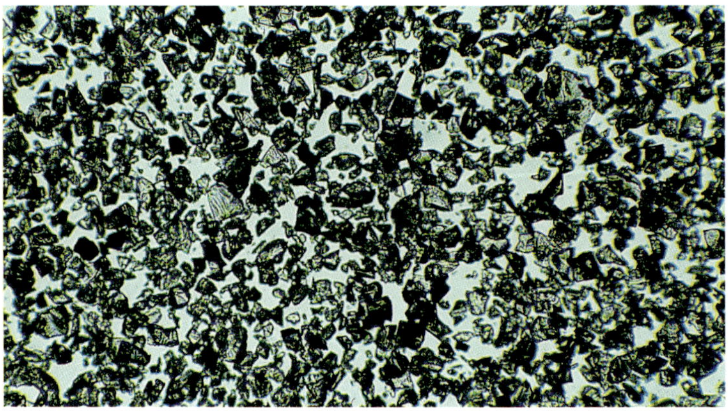

Siliciumcarbid-Schleifpulver Körnung 400

oder SiC-Schleifpulver selbst herstellen. Das dabei eingesetzte Schleifmaterial Siliciumcarbid (SiC) ist mit Härtegrad 9 so unglaublich hart, dass es alle Materialien attackiert, die weicher sind als Diamant (Härtegrad 10 auf der Mohsschen Skala von 1812).

Zunächst schneidet man mit einer feinzähnigen Bügellaubsäge ein etwa 3 x 5 mm großes, möglichst wenig gewölbtes Stück aus Nussschale oder Steinkern bzw. Knochen oder Zahn aus. Besonders dicke Schalenstücke lassen sich mit einiger Übung auf ca. 1,5 – 1 mm Dicke zuschneiden. Bei Gesteinsproben ist dagegen – wenn man nicht selbst als Mineralien- oder Gesteinssammler über eine geeignete Maschine verfügt – für diese Vorbereitungsphase professionelle Hilfe sinnvoll (Gemmologe, Mineralienfachhandel, geowissenschaftliches Institut einer Hochschule o.ä.): Die ausgewählte Gesteinsprobe lässt man auf einer Schleifmaschine auf etwa 10 x 10 mm Kantenlänge und etwa 1 mm Schichtdicke zurichten.

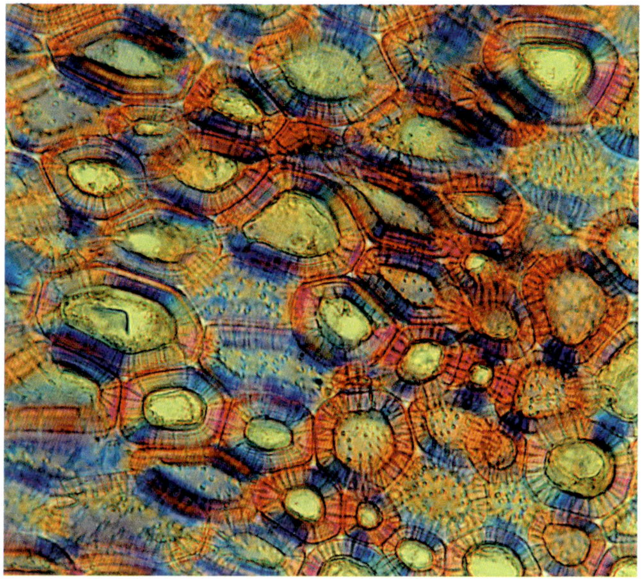

Haselnuss: Dünnschliff der Nussschale

Kirsche: Dünnschliff des Steinkerns

Jetzt geht es rund

Die so vorbereiteten Scheibchen klebt man mit einem konventionellen Zweikomponentenkleber (je einen Tropfen auf einem anderen Objektträger anmischen) auf Objektträgerhälften von 38 x 26 mm Abmessung – diese lassen sich beim anschließenden Nassschleifen besser halten und über die Fläche führen als Objektträger im üblichen Format. Verletzungen der Fingerkuppen sind jedoch immer noch zu befürchten. Deswegen empfiehlt es sich, einen Stempelrohling zu verwenden, in dessen Unterseite in der Größe des halben Objektträgerstücks eine Vertiefung von 1 mm eingefräst ist.

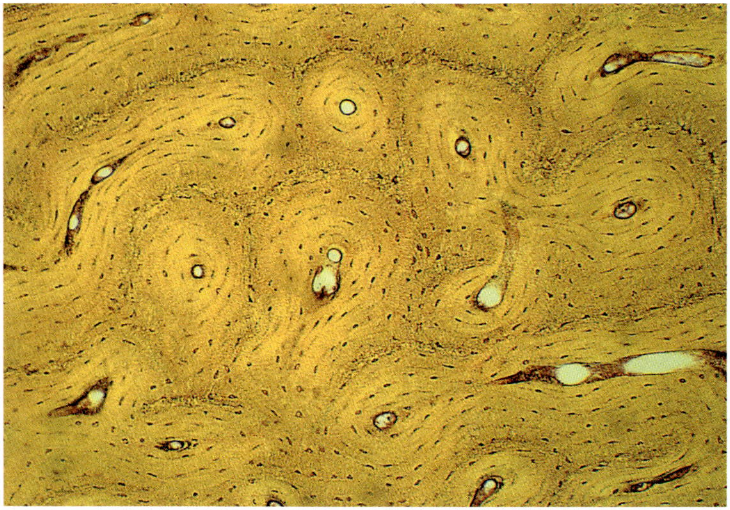

Säugertierknochen: Knochenlamellen im Hellfeld

Schleifunterlage ist eine genügend große Glasplatte (ca. 20 x 20 cm) aus mindestens 6 mm starkem Fensterglas, die sich unter Druck nicht verbiegt. Als rutschfeste Unterlage für die Glasscheibe verwendet man eine Gummimatte oder einige Lagen Zeitungspapier. Der Rest ist nun Ausdauer und Geduld: Von Hand führt man die aufgeklebten Scheibchen in unaufhörlich kreisenden Bewegungen über das nasse, mit Wasser gut angefeuchtete SiC-Schleifpulver, und zwar nacheinander in den Körnungen 180, 320, 600, 800 und eventuell noch Körnung 1000. Alternativ kann man auch Nassschleifpapier entsprechender Körnungen aus dem Fachhandel verwenden.

Bei relativ weicheren Objekten, beispielsweise pflanzlichen Hartteilen, kann man gleich mit Körnung 320 beginnen. Für jede Körnung

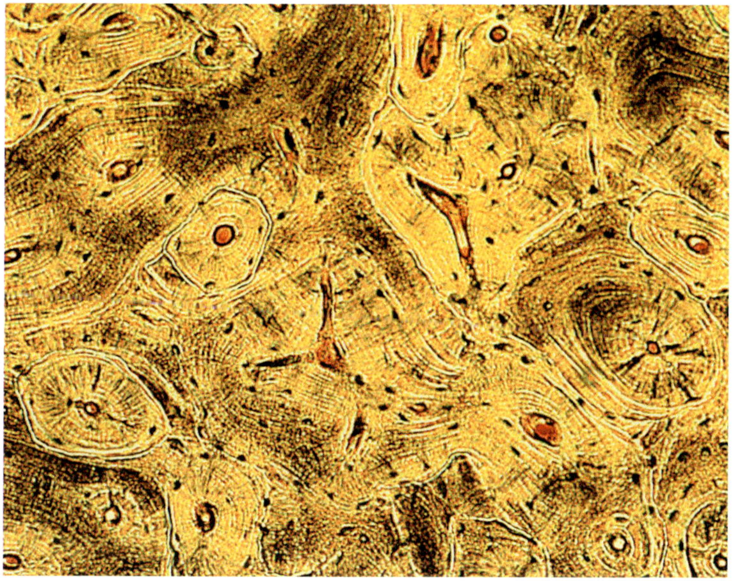

Damhirsch: Dünnschliff durch Geweih

sollte man eine eigene Schleifunterlage aus Glas benutzen. Bei jedem Wechsel der Körnung muss man den Schleifblock gründlich mit Wasser abspülen, weil die Schlifffläche sonst schartig wird. Bei der (vor)letzten Körnung 800 kontrolliert man das Ergebnis, das bis dahin gewiss mehrere Stunden in Anspruch genommen hat, im Mikroskop. Im polarisierten Licht (vgl. Kapitel 22) zeigen sich bei Schichtdicken ab etwa 50 mm erstmals blasse Farben. Erst unter 30 mm Schichtdicke erscheinen sie klar und brillant. Die so auf hauchdünne Filme zugeschliffenen Proben bettet man nach mehrfach gründlichem Abspülen in destilliertem Wasser in Polyvinyl-Lactophenol als Dauerpräparate ein (vgl. Kapitel 20).

Dünnschliffe erfordern viel Geduld. Die Ergebnisse können sich jedoch meist sehen lassen.

Wie Früchte sich in Schale werfen

Nicht alle pflanzlichen Panzerfrüchte sind richtige Nüsse. Die Walnuss ist beispielsweise eine klassische Steinfrucht – sie entspricht damit den kompakten Steinkernen von Kirsche, Pfirsich

Reh: Dünnschliff durch den Zahn mit Dentinkanälchen

oder Pflaume. Ähnlich verhält es sich mit der Kokosnuss. Die besonders harten Paranüsse sind dagegen Kapselfrüchte. Eine richtige Nussfrucht ist dagegen die Haselnuss, und auch die Erdnuss muss man wohl diesem Fruchttyp zurechnen, obwohl sie zu der sonst hülsenfrüchtigen Familie der Schmetterlingsblütler gehört. Nur bei echten Nüssen ist die (äußere) Fruchtwand massiv verhärtet; bei den Steinfrüchten ist es dagegen die innere Fruchtwand und bei vielen anderen vermeintlichen Nüssen die Samenschale.

Die mikroskopische Ansicht geschliffener Schalen überrascht vor allem im polarisierten Licht mit besonderen Bildeindrücken. Das steinharte Gewebe von Frucht- oder Samengehäusen besteht aus lückenlos zusammengefügten Zellen mit bemerkenswert kräftigen Zellwänden. Manchmal hat sich der Zellbinnenraum, von dem die Synthese und Ablagerung der Wandmaterialien ausgeht, bis auf einen kleinen Rest selbst zugemauert. Schon zu Beginn der Wandaussteifung, die nach der Blütezeit im noch saftgrünen und biegeweichen Fruchtknoten beginnt, bestünde die Gefahr, dass der lebende Zellinhalt die Verbindung zu den Nachbarzellen verliert und sich von allen Stoffströmen abschnürt. Um dem zu entgehen, sparen auch die dicksten Zellwände feine Kanalbereiche aus – es sind die als Tüpfel bezeichneten Tunnelröhren, die vom Zellinneren radial in die Nachbarschaft ausstrahlen.

Filmdünne Gesteine

Die meisten Festgesteine stellen komplizierte Stoffgemenge aus mehreren bis zahlreichen Mineralien dar, die ihrerseits aus unübersichtlichen Komplexsalzen bestehen. Beim körnigen Granit (von lat. granum = Korn) kann man die Zusammensetzung aus verschiedenen, unterschiedlich gefärbten und geformten Bestandteilen bereits mit bloßem Auge erkennen. Bei vielen anderen Gesteinen enthüllt jedoch erst das mikroskopische Bild interessantere Einzelheiten. Weil die Mineralbestimmung nach Augenschein kaum möglich ist, verwendet man in der Mineralogie und Petrographie Gesteinsdünnschliffe, die wie ein gewöhnliches Präparat im Durchlichtverfahren mikroskopiert werden. Der Lohn stundenlanger Plackerei sind wunderschöne Patchwork-Muster des mineralischen Gefüges, die meist wie bunte Landkarten aussehen.

Gestein besteht aus verschiedenen Mineralien in komplexen Gefügen. Dünnschliffe bringen sie in verschiedenen Farben ans Licht.

Wem übrigens der eigene Weg zum Dünnschliffpräparat zu mühsam ist, kann sich auch gleich an entsprechenden Fertigpräparaten erfreuen: Alle namhaften Anbieter von mikroskopischen Präparaten liefern für Unterrichtszwecke auch fertige Dünnschliffe durch die wichtigsten Gesteinsarten.

Granodiorit: Gesteinsdünnschliff mit verschiedenen Mineralbestandteilen

Abstauber

Staub gilt vielen Menschen nur als graue, pulverfeine Ansammlung kleinster, gerade noch wahrnehmbarer Teilchen und wird nicht gerade gerne gesehen, weil er gleichzeitig für Schmutz und Schlamperei steht. In der mikroskopischen Dimension haben Stäube allerdings ganz andere Qualitäten und halten allerhand Überraschungen bereit. Mit dieser gar nicht so staubtrockenen Materie werden wir uns jetzt etwas intensiver befassen und dabei ein weiteres Beobachtungsverfahren kennenlernen.

Reichlich vorhanden

Überall wirbeln Natur und Technik jede Menge Staub auf. Staubfeine Teilchen sind der vorläufige Schlusspunkt in der mechanischen Verwitterung von Gestein. Daher findet man in einer Staubprobe fast immer mineralische Partikeln, die man im polarisierten Licht (vgl. Kapitel 22) an ihrer auffälligen Doppelbrechung erkennt. Viele Lebewesen zerfallen buchstäblich zu Staub und verbreiten diesen über die Luftroute in alle Winde: Nicht von ungefähr spricht man von Sporenpulver und Blütenstaub. Staubproben enthalten natürlich auch winzigste Bruchstücke von Haaren und Textilfasern oder jede Menge Bauteile von Kleinsttieren, darunter beispielsweise Schmetterlingsschuppen oder Reste von Staubmilben. Kurz – die Untersuchung von Staubproben verspricht viele spannende Einblicke. Weil Stäube herkunftsbedingt in besonderem Maße verräterisch sind, spielen sie übrigens auch bei kriminaltechnischen Untersuchungen eine wichtige Rolle.

Verstaubte Präparate

Staubproben zu beschaffen ist wohl kein Problem. Man überträgt mit einer feinen Pinzette oder einem Malpinsel kleine Staubportionen von der Fensterbank, von Bücherregal und Dachboden oder aus der Beutelfüllung des Staubsaugers auf einen Objektträger und verrührt in einem Tropfen Wasser. Pilzsporen lässt man aus abgeschnittenen Hutteilen direkt auf einen Objektträger rieseln, über Nacht und durch ein übergestülptes Gefäß vor dem Austrocknen geschützt. Pollenkörner streift man aus den Staubgefäßen der Blüten ab oder klopft diese auf einem Objektträger aus.

Pilzsporen und Blütenpollen verdienen wegen ihrer reichhaltigen Oberflächenstrukturen verschiedene Blickwinkel. Dazu geht man so vor: Das Ende eines glatt abgeschnittenen (eventuell leicht abgeschmolzenen) Glasrohres von etwa 10 mm Durchmesser taucht man kurz in flüssiges Paraffin (Schmelzpunkt 55 – 60 °C) und stempelt damit einen Ring auf einen sauberen, fettfreien Objektträger. Nachdem der Paraffinring erstarrt ist, füllt man einen passend bemessenen Tropfen Glycerin mit einer Pollen- bzw. Sporenprobe ein, legt luftblasenfrei ein Deckglas auf und verflüssigt den Ring noch einmal kurz über der Kerzenflamme, damit das Paraffin Kontakt zum Deckglas bekommt. Anschließend dichtet man mit farblosem Nagellack ab. Im Präparat bleiben die eingeschlossenen Pollenkörner oder Sporen beweglich. Durch vorsichtiges Klopfen auf das Deckglas kann man sie leicht drehen und wenden, um verschiedene Ansichten (Polansicht, Äquatoransicht) des gleichen Objektes zu gewinnen.

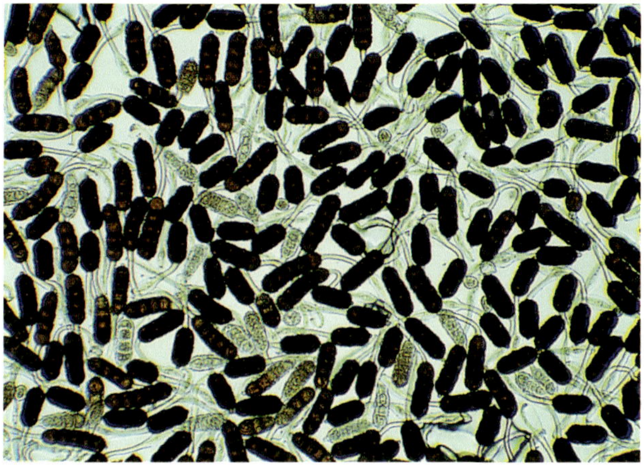

Sporen vom Rußmehltau auf Lindenblatt

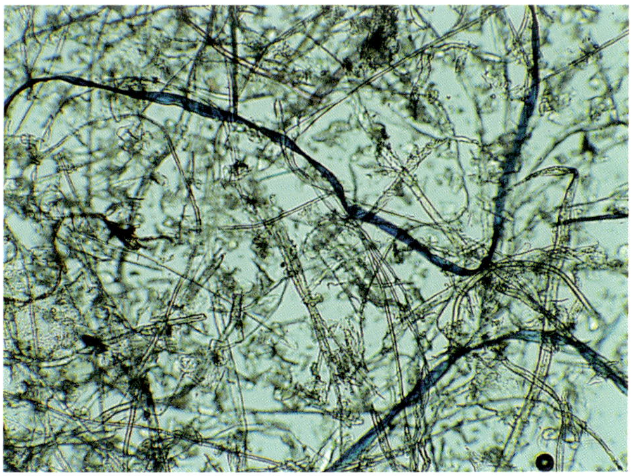

Hausstaub – eine vielfältige Mischung

Manchmal ist es vorteilhaft, die Pollen- oder Sporenproben einfach in Luft einzuschließen.

Bunte Textilfasern aus der grauen Staubbeutelfüllung

Nach der gerade beschriebenen Stempelmethode trägt man einen Ring von etwa 10 mm Durchmesser aus Paraffin oder Klebstoff (z.B. UHU-hart) auf, streut eine Staubprobe hinein und erhitzt nach dem Auflegen des Deckglases ganz kurz über der Flamme.

Details im Disco-Effekt: Die Rheinberg-Beleuchtung

Rheinberg-Filter müssen ziemlich farbdicht sein. Gegebenenfalls verwendet man mehrere Folienlagen.

Die nach Julius Rheinberg benannte Beleuchtung kombiniert das Hell- und Dunkelfeldverfahren. Das direkte Beobachtungslicht wird dabei jedoch nicht wie beim Durchlichtdunkelfeld vollständig ausgeblendet, sondern durchläuft bei weit geöffnetem Kondensor (offene Aperturblende) ein Farbfilter. Das dazu verwendete Filter sollte eine möglichst farbdichte Zentralblende und daran anschließende periphere Farbringe aufweisen. Man legt ein beklebtes Klarglasfilter in den Filterhalter unterhalb des Kondensors oder – wie bei der improvisierten Polarisation (vgl. Kapitel 22) auf die Lichtquelle. Rheinberg-Filter stellt man sich selbst her. Geeignete Materialien sind Farbfolien (Bastelbedarf) oder Malfarben für die

Hinterglasmalerei. Hilfreich sind auch Diafilme oder auf dem PC konstruierte Farbsektoren, die man auf Overheadfolie ausdruckt – Gestaltungsvorschläge zeigt die Abbildung. Die genauen Abmessungen der Zentralblende muss man durch Probieren ermitteln. Sie entspricht der Vorrichtung beim gewöhnlichen Dunkelfeldverfahren.

Vorschläge für die Gestaltung von Rheinberg-Filtern

Die Kombination verschiedenfarbiger Foliensegmente ergibt zahlreiche und überraschende Bildeffekte. Sektorenfilter versehen die Objekte mit Farbsäumen. Bei Verwendung einer blauen Zentralblende mit rotem Außenring erscheinen transparente Objekte leicht errötet auf blauem Hintergrund.

Mit Ecken und Kanten

Pollen und Sporen sind keineswegs nur rund und glatt wie Pingpongbälle. Schon bald nach der Erfindung des zusammengesetzten Mikroskops entdeckte und beschrieb der in Bologna wirkende

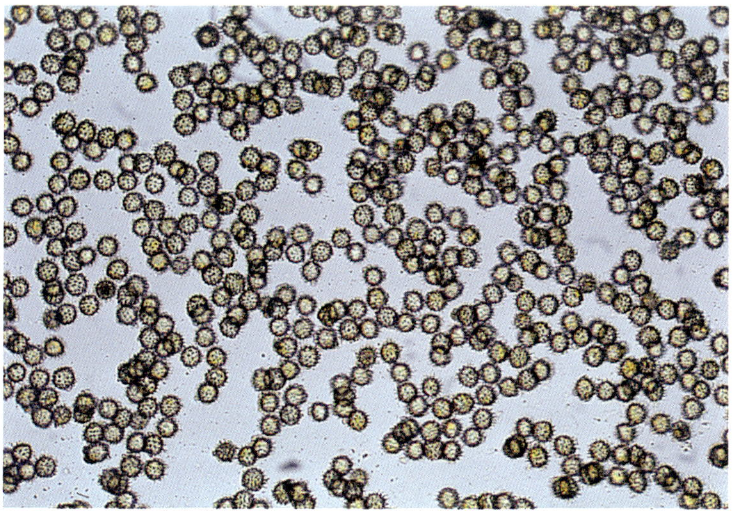

Löwenzahn: Sternchenförmige Pollen

italienische Arzt Marcello Malpighi (1628 – 1694) die Pollen aus Blüten und wies auf ihren enormen Gestaltungsreichtum hin. Wenig später fand man heraus, dass auch die Sporen der Pilze, Moose und Farne außerordentlich hübsche Strukturen aufweisen.

Unter den Pollen gibt es kugelige oder auch ellipsoide Typen. Manche sind auch kantig, eckig oder gänzlich unregelmäßig gestaltet. Ähnlich verhält es sich mit den Sporen. Die Pollenkorngröße bewegt sich gewöhnlich zwischen 20 und 50 µm Durchmesser. Bei etwa 35% aller europäischen Pflanzenarten sind die Pollenkörner recht genau um 25 µm groß. Nur bei je etwa 5% der einheimischen Arten weichen die Pollenkorndurchmesser deutlich nach oben oder unten ab. Die kleinsten Pollen sind dabei nur etwa 8 µm groß, während die größten sogar über 150 µm messen. Außergewöhnlich groß sind sie mit über 200 µm bei Kürbis und Melone. Die riesenwüchsige Sonnenblume bescheidet sich dagegen mit Pollenkorndurchmessern unter 40 µm. Die genaue Pollenkornabmessung ist keine absolut festgelegte artspezifische Größe, sondern kann in Abhängigkeit von verschiedenen Entwicklungsfaktoren auch jahreszeitlich schwanken.

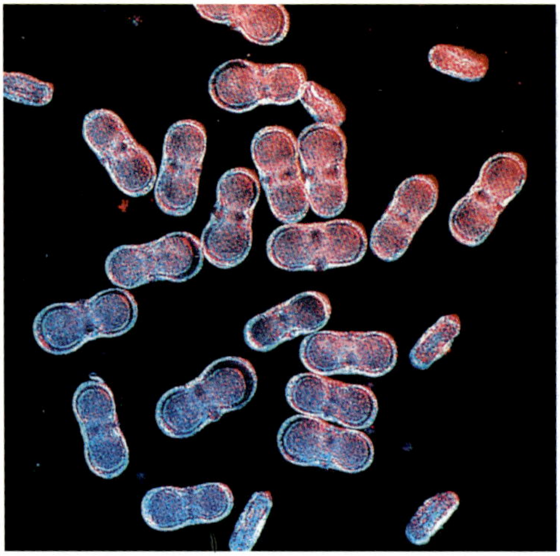

Riesen-Bärenklau: Pollenkörner (Rheinberg-Beleuchtung)

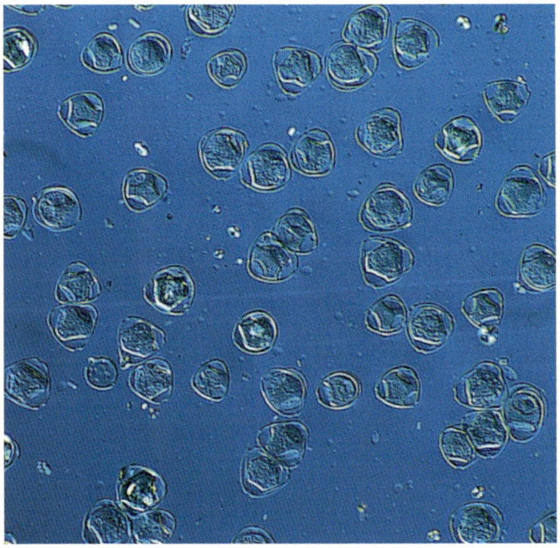

Haselnuss: Fünfkantiger Pollen (Polarisation)

Sammelgut im Spinnennetz

Versponnenes

Spinnen hängen ihre Fangnetze bekanntlich vor allem an solchen Stellen auf, wo reger Luftverkehr herrscht – an Fensteröffnungen, zwischen Ästen und Zweigen oder im Stängelgewirr von Hochstauden. Hier gehen ihnen aber nicht nur Beutetiere ins Netz, sondern an den klebrigen Fangfäden bleiben auch alle möglichen sonstigen Kleinteile haften, die Bestandteil der Staubfracht der Luft sind und etwas vornehm als Anemoplankton bezeichnet sind. Die mikroskopische Untersuchung enthüllt, was da alles unterwegs ist.

Auch manche Milben und viele Schmetterlingsraupen spinnen lange Seidenfäden. Am besten bei Schiefer Beleuchtung (vgl. S. 87) oder im schrägen Auflicht untersuchen.

Um Spinnennetzteile zu mikroskopieren, geht man folgendermaßen vor: Man kittet einen sauberen Objektträger auf einen Jogurtbecher, damit man ihn von hinten gegen ein Netz drücken kann, ohne dieses zuvor mit den Fingern zu berühren und eventuell zu zerstören. Die den Objektträger überragenden Netzteile kappt man mit Rasierklinge oder Skalpell. Das so gewonnene Netzstück – einen Teil der Nabe oder der weiter außen liegenden Fangspirale – mikroskopiert man am besten als Trockenpräparat, vorzugsweise im polarisierten Licht oder in Rheinberg-Beleuchtung.

Schöne Ansichtssachen – Mikrofotografie

Alle Bücher zum Thema Mikroskope und Mikroskopieren sind mit Dutzenden von Beispielfotos sehenswerter Objekte garniert, und auch in den endlosen Bildergalerien im Internet sind Mengen brillanter Mikrofotos zu sehen. Verständlich, dass auch der Hobbymikroskopiker das eine oder andere Szenario seiner Sehreisen im Bild festhalten möchte, und zwar nicht (nur) als Zeichnung, sondern als Foto fürs Album.

Die Mikrofotografie ist allerdings kein so ganz einfaches und eventuell sogar recht aufwendiges Betätigungsfeld, aber zum Glück gibt es auch für den Amateurbereich ein paar gangbare Wege, die zu vorzeigbaren Ergebnissen nicht nur mit technischen Kompromissen führen.

Da die Mikrofotografie bzw. Mikrovideografie ein weitgehend ausgereiftes und insofern recht verzweigtes Sondergebiet der Fototechnik ist, über das es dicke Fachbücher gibt, können wir hier nur ein paar grundsätzliche Überlegungen und Tipps anfügen.

Eigenhandyg

Die Kataloge der Telefonshops bieten dutzendweise Mobiltelefon-Modelle an. Die weitaus meisten Versionen kann man seit geraumer Zeit auch als Kamera mit Zoom-Funktion einsetzen. Sie sind daher nicht nur im Tele-, sondern auch im Nahbereich zu verwenden. Damit liegt es nahe, das Foto-Handy auch am Mikroskop einzusetzen und das eine oder andere Präparat als Handy-Foto festzuhalten. Viele Handys können mit ihrem 2 GB-Speicher sogar kurze Videosequenzen aufzeichnen. Folglich lässt sich dokumentieren, wie die Pantoffeltierchen zwischen den Algenfäden kreuzen, die Rädertiere Bakterienhaufen aufwirbeln oder die Augenflagellaten mit ihren Geißeln wilde Tänze aufführen.

Die Aufnahmetechnik ist denkbar einfach: Fotohandy-Linse vorsichtig auf das Okular legen, entsprechend der jeweiligen Menüführung mit der Zoom-Funktion und/oder dem Autofokus das Mikrobild heranholen, dann ganz ruhig halten und das gewünschte Bild schießen.

Brillanz darf man von solchen Schnappschüssen allerdings nicht erwarten. Das Problem liegt in der Linsenqualität der Foto-Handys – deren Mini-Objektiv zeichnet im Vergleich zu einer üblichen Kamera einfach nicht scharf genug durch. Aber Dokumentations- und Erinnerungswert haben die so in Szene gesetzten eigenen Seherlebnisse auf jeden Fall.

Wichtig bei Handy-Mikrofotos: Foto-Handy vorsichtig auflegen und ganz ruhig halten!

Ganz nah ran mit der Digicam

Um Welten leistungsfähiger als ein Foto-Handy sind die Linsen(systeme) der zu erstaunlicher Perfektion entwickelten Digitalkameras im Zigarettenschachtelformat (oder kleiner). Einigermaßen zufriedenstellende Mikrofotos sind damit im Prinzip kein Problem, sofern die Kamera einen genügenden optischen Zoom (mindestens

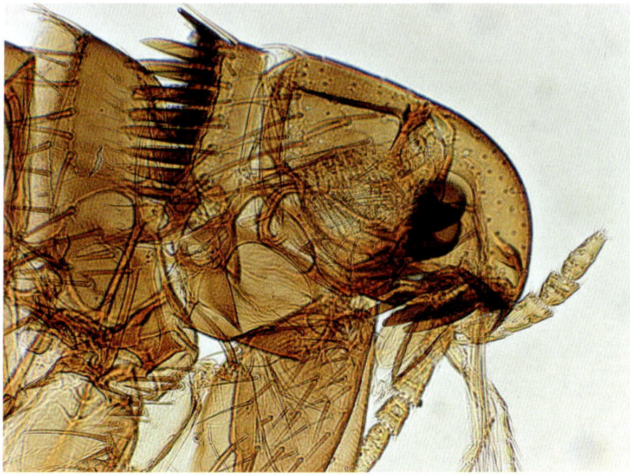

Der Hundefloh von Seite 23 – mit einer üblichen 5 Megapixel-Digitalkamera unter Einsatz der Zoomfunktion direkt durch das Okular des Mikroskops aufgenommen

Das gleiche Motiv lässt sich auch mit einem Foto-Handy festhalten. Wichtig ist, dass man das Handy ruhig hält – am besten das Aufnahmegerät und den Mikroskoptubus mit einer Hand gleichzeitig umfassen und mit der anderen auslösen.

@ Anregungen für schöne Bilder findet man beispielsweise unter www.mikrophotographie.de.

Küchen-Zwiebel: Kristalle im lebenden Schuppenblattgewebe

Die Kamera an ein Mikroskop adaptieren – eine echte Herausforderung für Bastler

3-, besser mehr als 4-fach) aufweist. Die eigentliche Schwachstelle dieser Art der Mikrofotografie ist das fast unvermeidbare Wackeln der auf das Okular aufgelegten Kamera. Dafür gibt es jedoch eine patente Lösung: Der Fachhandel bietet einen sogenannten „Universal DigiScoping Adapter“ an, mit dem sich (fast alle gängigen) Digitalkamera-Modelle an einem Mikroskop, einer Stereolupe oder auch an einem Spektiv montieren lassen. Für Bastler ist der Selbstbau einer solchen Vorrichtung kein Problem. Zur Not geht es auch mit einem Kleinstativ, denn Digicams haben dafür an der Gehäuseunterseite einen Normgewindeanschluss. Der Rest der Aufnahmetechnik – bei ausgeschalteter Blitzfunktion – ist Routine entsprechend der gerätevorgegebenen Menüführung.

Aus der Röhre auf den Bildschirm

Meist zur Vorweihnachtszeit haben Warenhäuser, Kaffeeläden oder Supermärkte Billigmikroskope im 50-Euro-Segment im Angebot, zu deren Basisausstattung oft eine kleine Einsteckkamera gehört. Dieses witzige Gerät steckt man statt des Okulars in den Mikroskoptubus und überträgt das mikroskopische Bild speicherfähig direkt auf einen PC-Monitor. Eine solche bedenkenswerte Zusatzeinrichtung, die zu Demonstrationszwecken natürlich auch hervorragend in Unterrichtsräumen einzusetzen ist, gibt es im Fachhandel in technisch besserer Qualität auch separat von Markenanbietern, beispielsweise von Euromex.

Fotografieren im Kleinbildformat

Prächtige Mikrofotos sind natürlich auch mit einer konventionellen 35mm-Spiegelreflexkamera (oder deren digitaler Version) möglich. Auch dabei müssen Mikroskop und Kamera eine fest gefügte Einheit bilden. Optimal ist ein etwas besseres Mikroskop mit einem trinokularen Tubus – eine Konstruktion, die neben der Bildbeobachtung durch (binokularen) Schrägeinblick für beide Augen über einen dritten senkrecht nach oben weisenden Fotostutzen den Anschluss einer Kleinbildkamera (Spiegelreflexkamera) ermöglicht. Mit einer solchen Einrichtung entstanden die Bilder in diesem Buch. Der Tubus für die Kamera ist dabei so bemessen, dass ein im Okular scharf zu sehendes Bild auch in der Filmebene scharf abgebildet wird. Für viele Amateurmikroskope gibt es diese Zusatzausstattung herstellerseitig. Auch ein nachträglicher Austausch des vorhande-

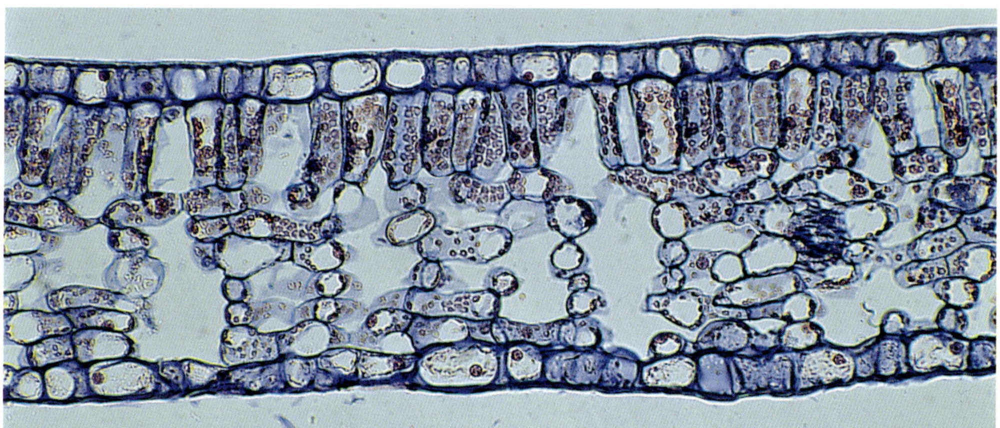

Rot-Buche: Querschnitt durch ein Blatt (gefärbt)

nen Tubus gegen einen solchen mit Fotoaufsatz ist bei vielen Mikroskopmodellen möglich. Die technisch-apparativen Details sollte man beim jeweiligen Fachhändler erfragen, da sich dieser Markt ständig verändert.

Fast schon professionell

Viele Hersteller bieten für ihre Mikroskope bzw. Kameras einen speziellen Fotoadapter an, über den die Spiegelreflexkamera mit ihrem jeweiligen Anschlusssystem (Bajonett oder Schraubgewinde) direkt am Mikroskoptubus befestigt wird. Er ersetzt das kameraeigene Objektiv. Das Einstellen der Bildschärfe erfolgt über den Kamerasucher. Das kann allerdings etwas mühsam sein, da Spiegelreflexkameras meist mit einem Mikroprismenraster ausgerüstet sind. Wesentlich besser lässt es sich nach Austausch der gerasterten Mattscheibe gegen eine Klarglas mit Fadenkreuz arbeiten.

Dünnschliff durch eine Schneckenschale im polarisierten Licht

Scheiden ein trinokularer Tubus oder ein spezieller Kameraadapter aus Kostengründen aus, bietet sich folgender Kompromiss an: Man besorgt sich für sein Mikroskop ein zweites Okular und befestigt darauf mit bombenfestem Zweikomponentenkleber ein konventionelles UV-Filter – die Kamera wird dann über das Filtergewinde ihres Objektivs angeschlossen. Wem diese Behelfslösung nicht genügend vertrauenswürdig erscheint, kann sich vom Feinmechaniker aus einem Aluminiumblock oder einem anderen stabilen Werkstoff ein passendes Übergangsstück nach Maß drehen bzw. schneiden lassen.

Vorteilhaft ist bei allen Lösungen, bei denen die kameraeigene Optik im Einsatz ist, die Verwendung eines Zoom-Objektivs im leichten Telebereich. Auf diese Weise kann man etwaige unscharfe Bildecken ausblenden, wenn das Arrangement nicht über die gesamte Bildfläche scharf zeichnen sollte.

Glühlampe oder Blitz?

Die richtige Farbtemperatur der Beleuchtung ist in der Digitalfotografie kein Thema.

Das von der Mikroskopbeleuchtung abgestrahlte Licht empfinden unsere Augen zwar als tageshell, aber in der Farbtemperatur bestehen zum natürlichen Tageslicht erhebliche Unterschiede. Bei Verwendung von Schwarzweißfilmen spielt das keine Rolle, aber bei Farbfilmen muss man wählen: Glühfaden- bzw. LED-Lampen erfordern Kunstlicht(dia)filme, die auf eine Farbtemperatur von 3200 bis 3400 Kelvin abgestimmt sind – sie tragen zusätzlich zur Empfindlichkeitsangabe die Bezeichnung „T" (für *tungsten* = Glühfaden). Möchte man dagegen die üblichen Tageslichtfilme einsetzen (Farbtemperatur 5500 bis 6000 Kelvin), führt kein Weg am Elektronenblitz vorbei. Er bietet mit seinen kurzen Leuchtzeiten (bei etwa

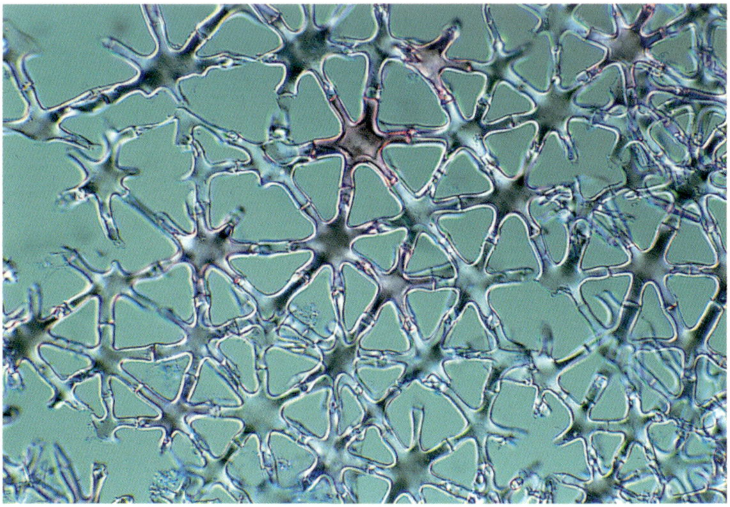

Knäuel-Binse: Sternparenchym (Aktinenchym) aus dem Stängel

1/50 000 s) bei hoher Abstrahlleistung den enormen Vorteil, auch sehr schnelle Bewegungsabläufe (beispielsweise den Wimpernschlag eines Pantoffeltierchens) gestochen scharf auf die Filmemulsion zu bringen. Die Bewegungsgeschwindigkeit von Kleinstorganismen sollte man nicht unterschätzen – selbst eine behäbig durch das Gesichtsfeld fließende Amöbe ist für eine Aufnahme mit normalem Mikroskopierlicht zu schnell. Ideal ist es dabei, wenn die Belichtungszeit in der Filmebene der Kamera nach dem weit verbreiteten TTL-Verfahren (TTL = *through the lens*) gesteuert wird.

Wasserflöhe in Rheinberg-Beleuchtung

Sogar die recht aufwendigen Mikroskope der gehobenen Preis- und Leistungsklasse sind nicht serienmäßig auf Blitzlichtbetrieb eingerichtet. Die korrekte Anbringung des Blitzgerätes erfordert daher selbst bei diesen Instrumenten gewöhnlich recht viel Edelbastelei – in der Zeitschrift MIKROKOSMOS kann man dazu in fast jedem Jahrgang technische Vorschläge nachlesen. Auch bei betonter Experimentierfreude stößt man hier jedoch rasch an die eigenen Grenzen.

Wesentlich einfacher funktioniert die folgende Lösung: Man verwendet am Mikroskop wie früher einen klappbaren Beleuchtungsspiegel. Für das Einstellen des Präparates setzt man (als sogenanntes Pilotlicht) vor dem Spiegel eine normale Tischlampe ein. Das Blitzgerät arrangiert man so, dass sein Licht genau den gleichen Weg über den Spiegel nimmt. In den Filterhalter des Mikroskops bzw. unterhalb des Kondensors bringt man für ein homogenes Lichtfeld eine Mattscheibe bzw. Transparentpapier. Ist das Motiv im Sucher, löst man aus – fertig.

Anhang

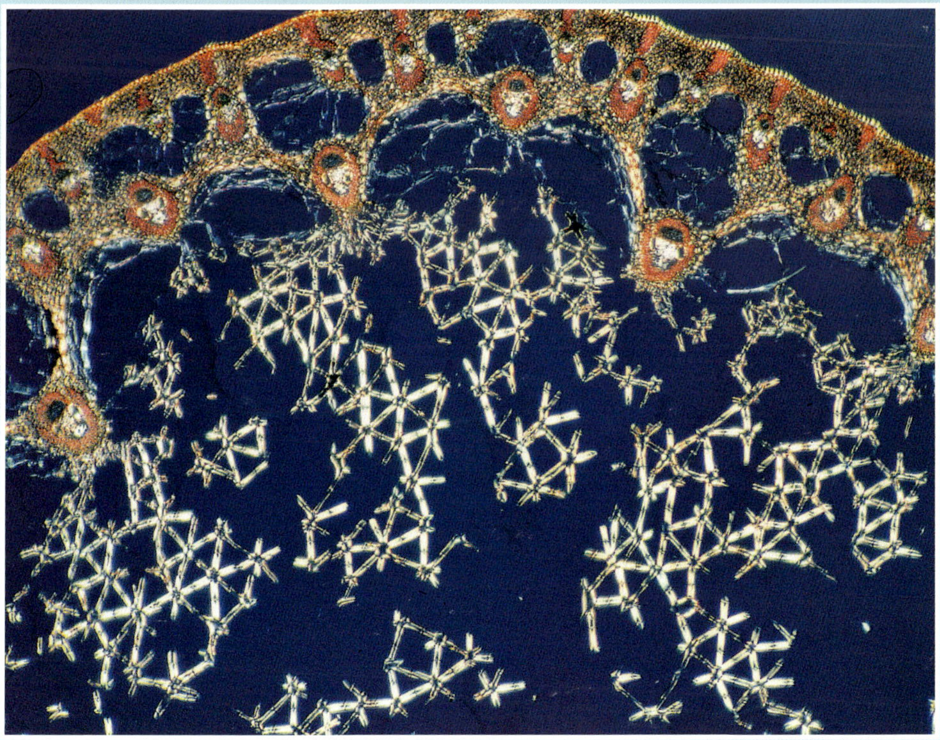

Mikroskopische Vereinigungen

Berliner Mikroskopische Gesellschaft e.V. (BMG)
Günther Zahrt, Kyllmannstraße 7a, 12203 Berlin, Tel. 030–8336917
Prof. Dr. Klaus Hausmann, FU Berlin, Institut für Biologie/Zoologie, Königin-Luise-Straße 1–3, 14195 Berlin, Tel. 030–83856475
E-Mail: hausmann@zedat.fu-berlin.de
Internet: www.berliner-mikroskopische-gesellschaft.de

Mikroskopie-Gruppe Bodensee (MTGB)
Günther Dorn, Mennwangen 13, 88693 Deggenhausertal
E-Mail: info@dorn-konzeption.de
Internet: www.mikroskopie-gruppe-bodensee.de

Arbeitsgemeinschaft BONITO e.V. (Limnologie)
Wolfgang M. Richter, Drosselgang 2, 21709 Himmelpforten, Tel. 04144–4925

Arbeitskreis Mikroskopie im Naturwissenschaftlichen Verein zu Bremen
Klaus Albers, Rennstieg 31, 28205 Bremen, Tel. 0421–490462
E-Mail: kg_albers@gmx.de
Internet: www.nwv-bremen.de

Mikroskopischer Freundeskreis Göppingen im Naturkundeverein Göppingen e.V.
Internet: people.freenet.de/mikroskopie-goeppingen.de

Mikroskopische Arbeitsgemeinschaft der Naturwissenschaftlichen Vereinigung Hagen e.V.
Jürgen Stahlschmidt, Haferkamp 60, 58093 Hagen, Tel. 02331–57509
Internet: www.mikroskopie-hagen.de

Mikrobiologische Vereinigung Hamburg
Dr. Georg Rosenfeld, Nigen-Rägen 3b, 22159 Hamburg, Tel. 040–6430677
Internet: www.mikrohamburg.de

Mikroskopische Arbeitsgemeinschaft Hannover (MAH)
Karl Brügmann, Woltmannweg 3, 30559 Hannover, Tel. 0511–813333
Internet: www.kg-bruegmann.de

Arbeitskreis Mikroskopie im Freundeskreis Botanischer Garten Köln e.V.
Dr. Hartmut Eckau, Homburger Straße 10, 50969 Köln, Tel. 0221–3601545

Mikroskopische Arbeitsgemeinschaft Mainfranken
Joachim Stanek, Am Moosrangen 28, 90614 Ammerndorf, Tel. 0 91 27 – 88 32
E-Mail: joachim.stanek@freenet.de

Mikrobiologische Vereinigung München
Siegfried Hoc, Donaustraße 1A, 82140 Olching, Tel. 0 81 42 – 24 52
E-Mail: Siegfried-Hoc@t-online.de
Klaus Henkel, Auf der Scheierlwiese 13, 85221 Dachau, Tel. 0 81 31 – 73 64 04
E-Mail: Klaus.Henkel@weihenstephan.org
Internet: www.mikroskopie-muenchen.de

Arbeitskreis Rhein-Main-Neckar
Dr. Detlef Kramer, Institut für Botanik der TU, Schnittspahnstraße 3–5,
64287 Darmstadt, Tel. 0 61 51 – 16 34 02
E-Mail: kramer@bio.tu-darmstadt.de
Internet: www.tu-darmstadt.de/fb/bio/akm-rmn

Mikroskopische Arbeitsgemeinschaft Stuttgart e.V.
Dipl.-Biol. Klaus Kammerer, Hauffstraße 11, 71732 Tamm,
Tel. 0 71 41 – 60 15 48
E-Mail: Klaus_Kammerer@web.de

Tübinger Mikroskopische Gesellschaft e.V.
PD Dr. Alfons Renz, Zoologisches Institut, Morgenstelle 28, 72074 Tübingen,
Tel. 0 70 71 – 29 70 100
E-Mail: Alfons.Renz@uni-tuebingen.de

Mikroskopische Gesellschaft Wien
Prof. Erich Steiner, Aßmayergasse 11/6, A-1120 Wien,
Tel. 00 43 (0) 1 – 81 38 446
E-Mail: mikroskopie-wien@chello.at
Internet: www.mikroskopie-wien.at

Mikroskopische Gesellschaft Zürich
Felix Kuhn, Waldmeisterstraße 12, CH-8953 Dietikon,
Tel. 00 41 (0) 44 – 74 20 656
E-Mail: Felix.Kuhn@surfeu.ch

Literatur

Amato, J. A.: Von Goldstaub und Wollmäusen. Die Entdeckung des Kleinen und Unsichtbaren.
Europa-Verlag, Hamburg 2001.

Burges, J., M. Marten & R. Taylor: Mikrokosmos. Faszination mikroskopischer Strukturen.
Spektrum-Verlag, Heidelberg 1990.

Cypionka, H.: Grundlagen der Mikrobiologie.
Springer-Verlag, Heidelberg 2006.

Galliker, P.: Abenteuer Mikrowelt. Exkursionen in die geheimnisvolle Welt der Kleinstlebewesen.
Haupt Verlag, Bern, Stuttgart, Wien 2007.

Junker, T.: Geschichte der Biologie. Die Wissenschaft vom Leben.
Verlag C. H. Beck, München 2004.

Kettenmann, H., J. Zaun & S. Korthals (Hrsg.): Unsichtbar, sichtbar, durchschaut. Das Mikroskop als Werkzeug des Lebenswissenschaftlers.
Deutsches Technikmuseum, Berlin 2001.

Kremer, B. P.: Das Große Kosmos-Buch der Mikroskopie.
Franckh-Kosmos-Verlag, Stuttgart 2002.

Linne von Berg, K.-H. & M. Melkonian: Der Kosmos-Algenführer. Die wichtigsten Süßwasseralgen im Mikroskop.
Franckh-Kosmos-Verlag, Stuttgart 2004.

Meckes, O. & N. Ottawa: Der Mikrokosmos – für Kinder erklärt.
Verlag Gruner + Jahr, Hamburg 2003.

Sommer, U.: Algen, Quallen, Wasserfloh. Die Welt des Planktons.
Springer-Verlag, Heidelberg 1996.

Streble, H. & D. Krauter: Das Leben im Wassertropfen. Mikroflora und Mikrofauna des Süßwassers.
Franckh-Kosmos-Verlag, Stuttgart 2006.

Wanner, G.: Botanisch-Mikroskopisches Praktikum.
Georg Thieme-Verlag, Stuttgart 2004.

Wuketits, F. M.: Eine kurze Kulturgeschichte der Biologie.
Primus-Verlag, Darmstadt 1998.

Register

A
Abbild, reelles 16
Abbild, virtuelles 16
Abblenden 47, 49
Abdruckverfahren 142
Abformverfahren 142
Adlerfarn 116
Amöbe 103
Amyloplasten 60, 65
Analysator 151
Ångström 41
Apertur, numerische 25
Aperturblende 47
Apertur-Blendenhebel 30
Apochromat 25
Arbeitsplatz 21
Auflichtverfahren 133
Auflösungsgrenzen 40
Auflösungsvermögen 12
Aufwuchs 105
Augenwimper 134
Ausrüstung 16
Ausstrichverfahren 109, 111
Austrittspupille 29

B
Bakterien 41, 79, 106
Bakterienausstrich 109, 111
Bakterientypen 108
Banane 64
Bartholin, Erasmus 151
Basisausrüstung 16
Bast 125
Bauteile Mikroskop 24
Begonie 97
Beleuchtung 29
Beleuchtung, Kritische 29
Beleuchtung, Schiefe 97
Beobachtungstagebuch 20
Beugungskontrast 87
Bewegung, Brownsche 56, 57
Bienenstachel 137
Bildhelligkeit 39
Bildweite 35
Bildstufe 36
Birne 68
Blattquerschnitt 118
Blaugrünbakterien 111
Blendenhebel 30
Blitzlicht 174
Blockschälchen 18
Blumentopferde 102
Blutausstrich 80, 81
Blütenpollen 167
Blutzelle 80
Bodenteilchen 56, 57
Brechkraft 35
Brechung 34
Brechungssäume 39
Brechzahl 37, 52
Brennpunkt 35
Brennweite 35
Brillenmacher 10
Brownsche Bewegung 56, 57
Buche 127
Burri-Ausstrich 109, 111
Buttersäurebakterien 110

C
Chloroplasten 83
Chromoplasten 66, 74
Comenius, Johann Amos 11
Cyanobakterien 111
Cytoplasma 74

D
Dauerpräparat 137
Deckglas auflegen 59

Deckglasdicke 25
Deckgläser 17
Dentinkanälchen 164
Dickenmessung 45
Digitalkamera 173
Doppelbrechung 151
Drehknöpfe 24
Dünnschliff 160
Dunenfeder 131
Dunkelfeld 105, 133
Durchlichtverfahren 133
Durchsaugmethode 60, 72

E

Eiderdaunen 131
Eigenvergrößerung 25
Einbetten 52
Eindecken 53
Einfallslot 38
Einfallswinkel 37
Einkeimblättrige 115
Einschließen 53
Einstein, Albert 57
Einzelkristalle 75
Elektronenblitz 174
Entellan 136
Eosin-Lösung 19
Epidermis 71
Epidermiszelle 54, 55
Eukitt 136
Euparal 136
Esche 128
Ethanol 19
Etzolds Gemisch 114, 116
Eucyt 41

F

Fadenalgen 102
Fadenpräparat 50
Färbereagenzien 19
Farnsporen 167
Federklammer 28
Federn 131
Feintrieb 24, 30
Fensterputzmittel 27
Fernrohr 14
Fettzellen 79
Feuerbohne 51
Fichte 125, 126
Filmabdruckverfahren 144
Filterhalter 97
Filtrierpapierstreifen 18
Fingerabdrücke 58
Fischhaut 130
Fixieren 139
Flächenschnitt 118
Flaschenkork 84
Flecken, fliegende 33
Fledermaushaar 135
Fliegenfuß 137
Flöhe 11
Florfliege 136
Flügelschuppen 139
Fokussieren 49, 50
Frischpräparat 53
Fruchtfleischzellen 65, 66, 67, 68
Fruchtwand 164
Frühholz 125

G

Galilei, Galileo 11
Gartenboden 110
Gartenteich 100
Gefäße 127
Gegenstandsweite 35
Gemisch, Etzolds 114, 116
Gesamtvergrößerung 24
Gesichtsfelddurchmesser 47
Gesteinsdünnschliff 165

Gewebedruck 92
Geweihdünnschliff 163
Glasgeräte 18
Glasreinigungsmittel 27
Glasschramme 29, 46, 47
Glyceringelatine 136
Goethe, Johann Wolfgang von 11
Grobtrieb 24, 30
Größenordnungen 40
Grünalgen 26

H

Haar als Messlatte 45
Haare 133
Haarwurzel 79
Hagebutte 66
Hakenstrahl 131
Handschnitte 118
Handy-Foto 172
Haselnuss 161
Hausstaub 167
Haustaube 131
Haut 130
Hellfeldverfahren 133
Helligkeitsregulierung 47
Heuaufguss 102
Himmelsfernrohre 11
Hologramm 37
Holunder, Schwarzer 67, 95
Holz, ringporig 128
Holz, zerstreutporig 128
Holzschnitte 124
Honigbiene 137
Hooke, Robert 10, 84
Hüllenstärkekorn 50
Hülsenfrüchte 62
Hüpferlinge 102
Humboldt, Alexander von 11
Hundefloh 23, 138
Huygens-Okular 24

I

Infusorien 102
Insektenteile 136
Interferenzfarben 153

J

Jacaranda 129
Jahresgrenze 125
Jahrring 125
Janssen, Vater und Sohn 10
Jodtinktur 51
Jogurt 110

K

Kahmhaut 103
Kambium 125
Kamelhaar 133
Kamera 172
Kartoffelstärke 59, 155
Kernkörperchen 72
Kerntasche 72
Kieselalge 48, 104
Kirschkern 160, 161
Klammerfuß 138
Kleinkrebse 102
Klemmtechnik 119
Knochendünnschliff 162
Knochenlamellen 162
Knolle 60
Köhlersches Verfahren 29, 32
Kokosnuss 160
Kollenchym 95
Kondensor 24
Kondensor einrichten 28
Kontrast 47
Konturfeder 131, 132
Konvexlinse 35
Korrekturtinte 19
Korkbildung 95

Korkscheibchen 31
Kreutz-Blende 87
Kreuztisch 24, 28
Kristalle 150
Kronblatt 89, 92
Küchenzwiebel 54, 70, 88, 90, 159
Kürbis 96
Kunstlichtfilm 177

L

Lackabdruck 142
Längenmaße 40
Längenmessung 43
Längsschnitt, radial 124
Längsschnitt, tangential 124
Laubholz 125
Leberzellen 80
LED-Lampe 175
Leeuwenhoek, Antoni van 11
Leitbündel 114, 115, 116, 117
Leukoplasten 69
Licht, polarisiertes 148
Lichtbrechung 35
Lichtstrahl 34
Lichtwellen 34
Ligusterbeere 67
Linsenschleifer 10
Linsenverkittung 27
Lochblende 12
Lösung durchziehen 60
Luftblasen 38, 39
Lugolsche Lösung 51, 65
Lupe 34
Lupenobjektiv 40

M

Maismehl 63
Maisstängel 114
Malinol 136
Malpinsel 18
Marderhaar 133
Markenhersteller 22
Matthias, Erhard 87
Mehlproben 62
Melanocyten 130
Messokular 41
Methylenblau-Lösung 19
Mikrofaserputztuch 27, 38
Mikrofotografie 172
Mikrolabor 16
Mikrometer 41
Mikron 41
Milchsaft Wolfsmilch 63
Milchsäurebakterien 109, 110
Molchhaut 81
Mond 14
monokular 31
Moosblättchen 42, 43
Moossporen 167
Müllergaze 103
Mundschleimhaut 76, 77
Mundwerkzeuge 140
Muschelschale 175
Muskelfaser 77
Muskulatur 77

N

Nadelholz 125
Nähseide 49
Nasspräparat 52
Nassschleifverfahren 160
Netzmittel 58
Normoptik 24
Nucleolus 72
Nussfrüchte 161
Nussschale 161

O

Oberflächenabdruck 142
Objektiv 24

Objektivabgleich 31
Objektivrevolver 24
Objektmikrometer 40
Objekttisch 24, 28
Objektträger 16, 28
Okular 24
Okularmikrometer 40
Osmose 91

P

Palisadengewebe 119
Papierfasern 9, 157
Paprika 67, 95
Parenchymzelle 120
Pasteurpipette 18
Pestwurz 98
Pflanzenhaare 122
Pflanzenstängel 112
Pflege Mikroskop 27
Phasengrenze 38
Phloem 125
Pilzsporen 167
Plankton 103
Plasmalemma 78
Plasmamembran 79
Plasmastränge 69
Plasmaströmung 83
Plasmolyse 91, 93
Plasmolyticum 90
Plastiden 60, 68, 73
Plattenkollenchym 98
Polarisation 148
Polarisator 151
Polfilter 148
Pollenpräparat 167
Polyvinyl-Lactophenol 136
Präparat, mikroskopisches 52
Präparierbesteck 16
Präpariernadel 17
Projektionsbild 36
Proplastiden 73
Proteine 66
Protocyt 79
Protokollheft 20
Protoplasma 84

Q

Querschnitt 113, 118
Quetschpräparation 24

R

Radialschnitt 124
Rasierklingen 17, 21
Räumlichkeit 50
Regenpfütze 100
Reinigen 27
Reinigungsmaterial 18
Reserveorgan 60
Rheinberg, Julius 168
Rheinberg-Beleuchtung 168
Rheinberg-Filter 169
Rinderleber 80
ringporig 128
Rollmopshaut 130
Rosskastanie 127
Rot-Buche 127
Rußmehltau 167

S

Säugetierknochen 162
Salzlösung 90
Sammellinse 35
Sauberkeit 58
Sauerteig 110
Schärfentiefe 46
Schafwolle 134
Schalenmuster 48
Scharte 46
Schieblehre 45
Schiefe Beleuchtung 97

Schlankheitsgrad 117
Schlehe 67
Schleifpulver 160
Schliffpräparate 160
Schnake 141
Schneckenschale 175
Schneebeere 69
Schneerose 118
Schneidehilfe 119
Schneidetechnik 112
Schrägeinblick 24
Schramme 29, 46, 47
Schraubenalge 104
Schuppenbesatz 140
Schuppenblatt-Epidermis 70
Schwammgewebe 120
Schweineleber 80
Schweinespeck 79, 80
Schwertlilie 92
Schwingungsrichtung 150, 152
Seherfahrung 15
Sehschärfe 12
Seidenfaden 50
Semipermeabilität 91
Sicherheitshinweise 20
Silberfischchen 25
Siliciumcarbid 160
Skalpell 17
Sklereiden 149
Solitäre 75
Sonnenlicht 21
Spätholz 125
Spaltöffnung 121, 122, 146
Speichelflüssigkeit 76
Speicherwurzel 60
Spinnennetz 171
Sporenpräparat 167
Sprossachse 112
Spülmittel 58
Stadtparkweiher 100
Stängel-Leitbündel 115
Stängelquerschnitt 115
Stärkekörner 59, 155
Stativfuß 24
Staub 167
Staubfadenhaar 85
Stechmücke 140
Stecknadelkopf 100
Steinfrüchte 67
Steinkern 161
Steinzellen 68, 149
Stereomikroskop 40
Sternalge 104
Sternhaare 123
Sternmiere 96
Sternparenchym 176
Stiele 115
Stockwerkbau 119
Stoffleitung 114
Strahlengang 31, 36
Streichholz 15
Strömung 83
Stubenfliege 137
Suchobjektiv 40

T

Tangentialschnitt 124
Tapetenkleister 105
Taschenmesser 17
Taufliege 139
Teichrose 154
Teilchenbewegung 56
Teleskop 14
Textilfasern 167
Tiefenschärfe 46
Tierhaare 133
Tierzelle 76
Tintenpatrone 19
Tomate 67

Tonoplast 90
Torfmoos 95
Totalreflexion 37
Totalpräparat 140
Tracheen 127
Tracheiden 125
Tränenflüssigkeit 9
Transversalschnitt 124
Triebknöpfe 24
Trockenpräparat 52
Tropenholz 129
Tropfflasche 19
Tropfpipette 18
Tubus 24
Tubuslänge 25
Turgor 92

U

Umlenkspiegel 97
Utensilienbox 21

V

Vakuole 67, 74, 88
Vergrößerung 24
Verschmutzung entfernen 27
Verzögerungsfolie 152
Vierfarbendruck 35
Viren 41
Vitamin C 158
Vogelfedern 131
Vogel-Sternmiere 96
Vogeltränke 26
Vollkornmehl 61

W

Wärmebewegung 57
Waldrebe 115
Waldtümpel 100
Wasserfloh 101
Wasserleitung 115
Wasserpest 82
Wasserstoffatom 13, 41
Wassertröpfchen 56
Wassertropfen 53
Wassertropfenlupe 30
Wellenzüge 152
Wespenstachel 138
Wimpertiere 103
Wolfsmilch 63
Wurzelleitbündel 117

X

Xylem 125

Z

Zahndünnschliff 164
Zebrakraut 85
Zeichenmaterial 20
Zeichnen 94
Zeitungspapier 9, 157
Zellbegriff 84
Zellgrenze 79
Zellkern 71, 72
Zellmuster 145
Zellorganellen 41
Zellplasma 65, 73
Zellvakuole 89
Zellwand 78, 164
Zentralvakuole 67, 74, 88
zerstreutporig 128
Zuckergast 25
Zuckerkristalle 153
Zuckerlösung 90
Zunge 76
Zweikeimblättrige 115
Zwiebelhaut, rotschalige 159
Zwiebelhäutchen 54, 70, 75
Zwiebelschale 75, 159
Zwiebelschuppenepidermis 54, 70, 75

Impressum

Mit 161 Farbfotos von R. Gerstle (1, S. 12), H. Kierdorf (1, S. 163), Fa. Kaps (1, S. 13), E. Lüthje (5, S. 102 l, 115 l, r, 150, 177), S. Melchert (1, S. 14) und vom Verfasser (alle übrigen)

Bild 7/1 zeigt das Mikroskop KCM 4 der Firma Karl Kaps.

1 SW-Foto (Stiftung Weimarer Klassik und Kunstsammlungen)

29 Farbzeichnungen von Wolfgang Lang und 2 Schwarzweiß-Zeichnungen vom Verfasser

Umschlaggestaltung von eStudio Calamar unter Verwendung einer Aufnahme der Firma Karl Kaps, Wetzlar.

Gedruckt auf chlorfrei gebleichtem Papier

ISBN 978-3-440-11340-0

Projektleitung: Teresa Baethmann
Lektorat: Rainer Gerstle
Layout: Walter Typografie & Grafik GmbH, Würzburg
Produktion: Markus Schärtlein
Printed in Czech Republic/Imprimé en République Tchèque

Spannende Einblicke

Das große Forscher-Mikroskop
ab 12 Jahren
Art.-Nr. 636319

- Mikrowelten selbstständig erkunden! Nicht nur klassische mikroskopische Präparate wie Zwiebelhäutchen oder Insektenflügel können im Durchlicht, sondern auch flache Objekte wie Blätter oder Münzen im Auflicht betrachtet werden. Mit umfangreichem Präparierzubehör sowie einer ausführlichen Anleitung mit vielen praktischen Tipps.

KOSMOS

www.kosmos.de